Online-Meetings und -Seminare

Effizient und fesselnd gestalten

Uli Harnacke

HaUFE.

Inhalt

Auf dem Weg in eine neue Meeting-Kultur   **5**
- Alles dreht sich, alles bewegt sich ...   6
- Online-Meetings: Chancen und Risiken   8
- Führen, leiten oder moderieren?   13
- Ins Ziel zielen ... und treffen   21

Ihr Werkzeugkoffer für Online-Meetings   **27**
- Alles eine Frage der Einstellung: Fokus justieren   28
- Zuhören ist die wichtigste Technologie   30
- Der erste Eindruck zählt – und bleibt   31
- Software-Tools: Was bietet Ihr virtueller Raum?   34
- ORA: Orientieren – Ritualisieren – Aktivieren   45
- Die Kraft der Kommunikation nutzen   48
- Die Macht der Moderatoren   62

Gut vorbereitet 67

- Der richtige Mix an Inhalten 68
- Die Formalien: Zeit- und Ablaufplanung 70
- Kurz vor dem Start 75
- Meeting-Regeln 78
- Feedback-Methoden 84
- Das Protokoll 87

Das ORA-Prinzip: anleiten, mitreißen, energetisieren 91

- Orientieren 92
- Ritualisieren 101
- Aktivieren 110

- Einfach anfangen! 119

Stichwortverzeichnis 121
Literatur 122

4

Vorwort

Physical Distancing und Lockdown – die Corona-Krise hat uns auf drastische Art und Weise gezeigt, wie wichtig New Work und dezentrales, flexibles Arbeiten in den heutigen Zeiten sind. Doch wie schafft man trotz räumlicher Distanz Nähe zu Mitarbeitern, Kollegen und Kunden? Mit Telefonaten allein sicher nicht. Zusammenarbeit braucht mehr: persönlichen Austausch in Teams, in Gruppen. Die Lösung dafür liegt in Online-Meetings und anderen virtuellen Treffen. Wie gestaltet man sie aber so, dass sie produktiv sind, dass jeder davon profitiert, dass sich jeder einbringen kann?

Die digitale Kommunikation ist eine noch junge Kommunikationsform – wenig geübt und unbekannt in Vielem. Dieser TaschenGuide bringt Licht ins (Halb-)Dunkel. Er zeigt Ihnen die Chancen, die sich im virtuellen Meeting-Raum bieten.

Ehe wir starten, noch ein Wort zu »Erfolgsrezepten«: Es gibt ihn nicht, *den einen* Weg, gute E-Meetings zu kreieren – weil es nicht *die Unternehmenskultur* und den typischen Teilnehmer gibt. Probieren Sie aus, was für Sie und bei Ihnen funktioniert. Alles andere lassen Sie weg. Machen Sie Fehler, lachen Sie darüber und lernen Sie daraus!

Dabei und auch beim Lesen: viel Spaß!

Ihr Uli Harnacke

Auf dem Weg in eine neue Meeting-Kultur

Die Digitalisierung hat unser Berufsleben revolutioniert. Überall hinterlässt sie Spuren. Auch vor unserer Meeting-Kultur macht sie nicht halt: Traf man sich bisher vor Ort im Büro, tauscht man sich zunehmend im virtuellen Raum und zwischen Homeoffices aus.

In diesem Kapitel erfahren Sie u. a.,

- welche Chancen und Risiken uns Online-Meetings bringen,
- warum die neue Besprechungskultur ein Umdenken erfordert,
- warum zielgerichtetes Vorgehen so wichtig ist.

Alles dreht sich, alles bewegt sich ...

»Digital« ist aktuell sehr viel in Bewegung. Online-Meetings, Webinare oder Marketing-Veranstaltungen via Webconference sind allgegenwärtig. Jeder kann ganz einfach eigene Filme herstellen und auf diversen Plattformen online stellen. Bildtelefonie via Facetime, Skype oder WhatsApp ist sowohl im Privatleben als auch im Business selbstverständlich geworden. Und auch der Zugriff auf Online-Meetings und deren Qualität hat sich stark verbessert.

Videokonferenzen, Online-Meetings und ähnliche Formate haben große Vorteile für die Zusammenarbeit im Business-Kontext: Die Teilnehmenden

- können mit beliebig vielen anderen zur gleichen Zeit miteinander sprechen und konferieren, während sie an verschiedenen Orten sind,
- haben dabei Sichtkontakt via Kamera-/Videoübertragung,
- können via Desktop-Sharing gemeinsam an Dateien arbeiten und miteinander agieren.

Dieser TaschenGuide zeigt Ihnen, wie man das Beste daraus macht, wenn sich drei oder mehr Menschen online zeitgleich in einem solchen Format »treffen«. Denn allein die technischen Voraussetzungen dafür zu schaffen, reicht nicht aus, um Web-Meetings attraktiv und vor allem effizient zu machen. Es braucht viel mehr als das: eine gute Leitung, eine klare

Zielsetzung, Kommunikations-Skills, gute Vorbereitung und Wissen um die Besonderheiten, die in diesen Online-Formaten zu gestalten sind.

Die Tipps und Hinweise, die Sie in den nächsten Kapiteln lesen, gelten nicht nur für Videokonferenzen. Sie sind auch gut übertragbar auf das E-Learning und Webinare, sofern diese interaktiv sind, Sie die Teilnehmenden also aktiv einbinden. Für nicht-interaktive Webcasts gelten sie mit Einschränkungen. Auch diejenigen, die Team-Telefonate bzw. Telefonkonferenzen ohne Bildübertragung planen, profitieren von den Inhalten dieses TaschenGuides.

»Lernwelten«, wie sie zum Beispiel in 3D-Online-Räumen angeboten werden, also Anwendungen von virtueller oder Augmented Reality behandle ich hier nicht. Auch Avatare, also künstliche Moderatoren oder Teilnehmende, sind in dieser Auflage noch nicht Gegenstand der Ausführungen.

Technische Tools, Apps, Software-Lösungen und ihre Features stelle ich im TaschenGuide kurz dar. Der Fokus liegt hierbei auf den Besonderheiten, die sich basierend auf der Technik für Moderatoren und Gastgeber ergeben. Problemlösungen, so z. B., was zu tun ist, wenn Ton- oder Videoübertragung nicht funktionieren, überlasse ich dagegen den Tutorials, Manuals und Hotlines der zahlreichen IT-Anbieter.

Online-Meetings: Chancen und Risiken

Dezentrale Teams sind immer häufiger anzutreffen. Homeoffice, Projekte mit verteilten Rollen an verschiedenen Standorten, Software, die 24 Stunden am Tag um den Globus herum entwickelt wird, Vorhaben, die diverse Partner einbinden, sind regelmäßiger Bestandteil der Arbeit geworden. Die gleiche Information vielen Mitarbeitenden in gleicher Weise zum gleichen Zeitpunkt zur Verfügung zu stellen, wird immer wichtiger. Auch in sogenannten Change-Projekten. Das geht meist nur, wenn man sich im virtuellen Raum trifft, also in Form von Telefon-, Videokonferenzen und Online-Meetings.

Sind Sie Gastgeber virtueller Meetings und drei oder mehr Menschen finden dezentral online zeitgleich zueinander, ist das vermutlich »anders« als bei einem persönlichen Treffen. Es ist wichtig, das sehr deutlich zu haben und zu machen, als Gastgeber. Denn dann können Sie und die Teilnehmenden sich darauf einrichten. Dann können Sie potenziellen Nachteilen entgegenwirken und die Vorteile besser nutzen. Dann können Sie das in der Vorbereitung und Durchführung berücksichtigen. Dann werden Sie effiziente und spannende E-Konferenzen haben. Und dann haben Sie Kollegen, die diese Termine gerne in ihrem Terminkalender sehen.

Die Vorteile

Ein wesentlicher Vorteil der digitalen Meeting-Formate liegt in deren verhältnismäßig rascher Möglichkeit zu starten. Es gibt keine langen Planungsvorläufe. Niemand muss reisen. Damit kann man schnell Informationen austauschen und auch zu Entscheidungen kommen. Mithin werden also Online-Meetings auch dort anzutreffen sein, wo es Probleme gibt:

- in Projekten, die in der Krise sind,
- bei Schwierigkeiten, die zwischen verschiedenen Parteien auftreten (z. B. bei Uneinigkeit über die Fortschritte einer Produktentwicklung),
- bei Konflikten zwischen Teams oder Auftraggeber und -nehmer.

Und auch, wenn die Teilnehmenden nicht reisen können oder wollen, sind Online-Meetings das Mittel der Wahl und oft die einzige Möglichkeit, Projekte am Laufen zu halten.

Die Vorteile virtueller Treffen
- Flexibilität
- gleichzeitiger Zugriff auf Wissen und Ressourcen
- Effektivität und Produktivität
- Reduzierte Reisekosten und -aufwände.

In den Varianten der New Work und der agilen Organisation kommen diese Vorteile besonders zum Tragen. In Stand-ups, Team-Retrospektiven und Reviews wird in relativ kurzen Zyklen und mit Time Boxes gearbeitet. Das verlangt nach häufigeren, kürzeren Treffen – Treffen, die dann oft nur online stattfinden können.

»Time-boxed« heißt, dass die Zeiten der Treffen grundsätzlich einen geplanten Anfang und ein geplantes Ende haben. Und dass beide eingehalten werden! Die Meetings enden, wenn die geplante Zeit rum ist. Es gibt keine Verlängerung bloß, weil etwas noch nicht besprochen wäre.

Auch die kontinuierliche Team-Entwicklung und -Professionalisierung oder das Coaching finden mehr und mehr online statt. Nicht nur, weil es technisch machbar ist, sondern auch, weil so mehr Sessions in kürzeren Abständen mit jeweils geringerer Dauer möglich sind. Kontinuierliche Verbesserungen und Verhaltensänderungen sind so formatiert oft wirkungsvoller als voluminöse Absichtserklärungen in langen Tagungshotel-Klausuren.

Die Risiken

Andererseits bringen Online-Meetings auch mögliche Risiken oder Nachteile mit sich.

Risiken und Nachteile von Online-Meetings

Es gibt Reibungsverluste, die etwa aus der Sprache oder verschiedenen Rollen resultieren, und Missverständnisse. Beispiele:

- Abhängig von den Rollen kommt es zu Missverständnissen im Sprachgebrauch. So verwendet »der Vertrieb« oft schon andere Begriffe als »die Produktion«.
- Dialekt wird aufgrund der technischen Übertragung schwerer verständlich.
- Ohnehin vorhandene Fremdsprachen-Barrieren vergrößern sich zusätzlich.
- Hintergrundgespräche, wie z. B. scheinbar »geheime« Abstimmungen, sind entweder störend oder sogar behindernd.
- Auftretende Konflikte sind schwerer bearbeitbar.
- Klassische Kommunikationswege sind reduziert. So sind z. B. Mimik und Gestik der Teilnehmenden weniger oder nicht erkennbar.
- Teilweise haben die Beteiligten eine größere Scheu nachzufragen, wenn sie etwas nicht richtig verstanden haben.

All das sind Nachteile, die sich gut vermeiden lassen. Wie das geht, erfahren Sie in diesem TaschenGuide.

Live-Treffen und Online-Meetings im Vergleich

Machen Sie sich klar und entscheiden Sie bewusst, ob der Zweck Ihres Meetings »online-tauglich« ist. Denn es gibt durchaus einiges, was ein E-Meeting nicht hat oder nicht gut leisten kann:

Live-Treffen	Online-Treffen
Alle Sinne sind angesprochen	Hören und Sehen sind die wesentlichen Quellen
Alle Teilnehmer erleben alles	Einige sind eventuell nur telefonisch eingebunden
»Flüssiges« Gespräch	Teilnehmende müssen sich teils zu Wort melden; es ist gelegentlich unklar, wer da gerade spricht
Jeder ist im Gespräch	Es gibt verschiedene Rollen (z.B. Teilnehmer, Moderator) mit verschiedenen Rechten (z.B. Stummschaltung)
Emotionen sind gut erkennbar	Emotionen sind weniger bis kaum erkennbar
Höhere soziale bzw. psychologische Beeinflussung (z.B. durch Vorgesetzte oder Kunden)	Geringere soziale bzw. psychologische Beeinflussung

Es kommt natürlich immer auf den Einzelfall an. So kann es ab und an durchaus für ein Meeting förderlich sein, wenn sich Hierarchien weniger bemerkbar machen können. Oft ist es im realen Sitzungsraum so, dass viele oder gar alle auf den Chef fokussiert sind. Man beobachtet genau, ob er seine Augen rollt bei einem bestimmten Thema. Erst wenn er zustimmend nickt, traut man sich »aus der Deckung«. Das ist im virtuellen Raum kaum oder nicht möglich. Es fehlt, neben anderen Wahrnehmungsmöglichkeiten, z.B. auch die Verständigung über Blickkontakt, mit dem man ohne Worte etwa signalisieren kann: »Sagst du jetzt etwas oder soll ich?«

Führen, leiten oder moderieren?

Erlauben Sie mir als Intro zu diesem Kapitel folgende Eingangsthese: Online-Meetings brauchen mehr Leitung als konventionelle! Was diese These stützt? Wir sind relativ »jung« im Digitalen. Bevor es Einzug in unser Leben hielt, saßen wir Tausende von Jahren am Lagerfeuer, und zwar live. Und beisammen.

Online-Meetings: Neuland für die meisten

Während der Fernseher als eindirektionale »Berieselung« seit circa 70 Jahren für uns verfügbar ist, sind es Videokonferenzen erst seit ungefähr 30 Jahren. Hinzu kommt, dass nicht jeder Online-Meetings als Kommunikationsmöglichkeit nutzt(e).

Bildtelefonie war, technisch gesehen, seit den 1990er-Jahren des vorherigen Jahrhunderts möglich. Doch nur sehr wenige hatten diese Geräte, und die dahinter stehende Technologie hat sich letztlich nicht durchsetzen können. Erst die Breitbandübertragung, WLAN, LTE-Netze und Smartphones haben uns die virtuelle Zusammenarbeit in akzeptablem Tempo ermöglicht.

Doch wir stehen noch in den Anfängen. All dies ist noch Neuland. Wie im Umgang mit anderen Innovationen auch, können und dürfen wir also annehmen, dass wir aktuell lernend sind. Noch nicht gut in der Lage, das Potenzial, das sich uns durch die neuen technischen Möglichkeiten bietet, optimal zu nutzen. Wie bei allen anderen Lernvorgängen geht es auch bei Online-Meetings um gezielte Lernschritte: vom nicht-bewussten

Nicht-Können, zum nicht-bewussten Können. Und das für alle: Gastgeber wie Teilnehmende.

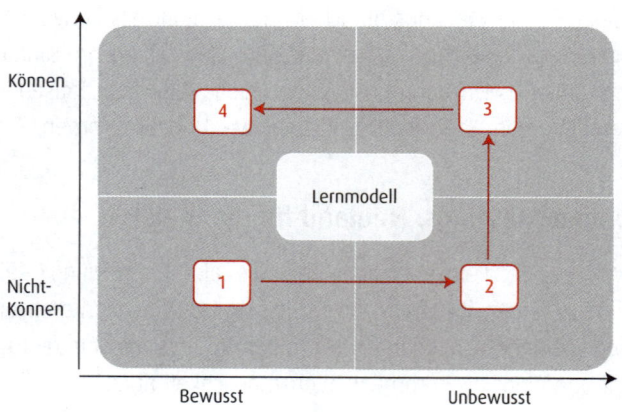

Lernmodell

Im Grunde ist ja der Ausgangszustand (Nr. 1 der Grafik) im hier dargestellten Lernmodell der schönste: »Ich weiß nicht, dass ich nichts weiß!« Der nächste Schritt schmerzt eventuell bereits: Bewusst erfahren Sie, dass Digital-Treffen mitunter »in die Hose gehen können«. Genau das erleben ja auch z. B. viele Anbieter von nicht-interaktiven E-Learnings: Es gibt Zugriffe, aber nicht jeder, der beginnt, endet auch mit einer Session.

Ergo gehen Sie los, kauf(t)en diesen TaschenGuide, lernen, üben, erproben, machen Fehler, haben Erfolge. Und irgendwann, schleichend oder plötzlich, bemerken Sie, dass Sie es können, ohne bewusst darauf zu achten. Es ist wie beim Autofahren:

Im Fahrschulunterricht läuft rein gar nichts automatisch, ganz allmählich erst werden die Abläufe sichere Routine. Oder sagen Sie sich heute noch: »Und jetzt Gang einlegen und Kupplung laaangsam kommen lassen ...«?

Wie steht es um Ihre Digitalkompetenz?

Die Unternehmensberaterin Nele Graf fordert, analog dem IQ, einen DQ – den Digital Quotient, der sich, orientiert an den folgenden Ebenen, messen lässt:

- Level 1: Digital Citizenship – die Fähigkeit, digitale Technologie und Medien sicher, verantwortungsvoll und effektiv zu nutzen

- Level 2: Digital Creativity – die Fähigkeit, digital wirksam zu werden, z. B. durch das Schaffen von Online-Inhalten

- Level 3: Digital Entrepreneurship – die Fähigkeit, digitale Medien einzusetzen, um globale Herausforderungen zu lösen und neue Möglichkeiten zu schaffen

Die acht Digitalkompetenzen, über die Unternehmen nach der Ansicht von Nele Graf und ihren Mitautoren verfügen sollten, sind:

1. Digital Citizen Identity: Aufbau einer integren Online-Identität.

2. Screen Time Management: Management der eigenen Online-Zeit.

3. Cyberbullying Management: Umgang mit allen, auch »sanften« Formen des Cybermobbing. Darunter fallen z. B. Verleumdung,

Belästigung, Bedrängung und Nötigung anderer Menschen oder Unternehmen mithilfe elektronischer Kommunikationsmittel, etwa das »gestaltete« Verteilen von E-Mails durch gezieltes Hinzufügen oder Weglassen von Kollegen oder die Nutzung der Blindcopy-Funktion.

4. Cybersecurity Management: Fähigkeit zur Datensicherung/ -sicherheit.

5. Privacy Management: Wie und wem mache ich meine Informationen zugänglich, oder auch nicht?

6. Critical Thinking: Kritischer Umgang mit Quellen, Kontakten und Informationen. Zunehmend wird es schwerer (und deswegen umso wichtiger), unterscheiden zu können oder herauszufinden, welchen Quellen und Informationen wir vertrauen können. Ein Beispiel? Die Diskussion, ob es »wirklich« eine globale Klimaerwärmung gibt, die auf die Menschheit und ihr Wirken zurückzuführen ist. Das ist wissenschaftlich belegt, wird aber dennoch von einzelnen Parteien und Regierungen als Fake News abgetan.

7. Digital Footprints: Sich darüber im Klaren sein, dass »das Netz« nichts vergisst.

8. Und ganz wichtig, die Digital Empathy: Fähigkeit, auch virtuell Empathie für die Bedürfnisse und Gefühle anderer zu zeigen.

Nehmen Sie sich ruhig einmal für einen kurzen Moment Zeit, um diese Faktoren für Ihr Unternehmen, Ihre Organisation und auch für sich selbst zu reflektieren: Welcher dieser Aspekte ist schon ausgeprägt vorhanden? Welche Faktoren sind noch ausbaufähig? Wo sollten Sie ergo als Gastgeber von Webpresence-Sitzungen umsichtig sein und auf »Befindlichkeiten« eingehen?

Dabei ist es unerheblich, ob diese Befindlichkeiten reale oder (nur) befürchtete Ursachen haben. Und lebenserfahrene Kollegen sind oft nicht weniger empfänglich für digitale Unterstützung als jüngere.

> Nehmen Sie sich mit Ihrem Team Zeit. »Die Seele ist langsam«, sagen die Psychologen. Das gilt auch in der Digitalisierung.

Sie dringen mit nicht-analogen Veranstaltungen in ungeübtes Terrain vor. Es ist so ähnlich wie beim Erlernen einer Sportart: An-Leitung ist hilfreich. Immer.

Welche Rolle möchten Sie spielen?

Ein wesentlicher Erfolgsbaustein ist also, mit welchem Rollenverständnis Sie in Ihre Äther-Klausuren starten. Sind Sie Gastgeber – und so sehe ich das: Gast-Geber im besten Sinn und sehr konzentriert auf das Wohl aller Ihrer Gäste –, Moderator, Initiator, Einladender, Host, Leiter, Verantwortlicher, An-Leiter, ...? Wollen Sie Ihre Meetings »nur online durchziehen« oder die Teilnehmenden (wirklich) begeistern?

Letzteres ist durchaus möglich. Denn mit einem guten E-Meeting können Sie viele Kollegen und Mitarbeitende einnehmen.

Vor allem, wenn Sie selber begeistert sind. Und sich hineinfuchsen. Und sehr, sehr gut vorbereiten.

Und noch etwas anderes ist dafür hilfreich: wenn der Veranstaltende alle Teilnehmenden zuvor persönlich kennt und einschätzen kann. Nahezu jeder, der häufiger Videokonferenzen leitet, berichtet, dass diese besser verlaufen, wenn sich die Beteiligten bereits persönlich kennen. Das erste Teammeeting sollte also, wo immer möglich, analog stattfinden. Ein Projekt-Kick-off mache ich daher in der Regel nicht digital. Und auch keines unserer PI-Plannings, wie es z.B. das agile Framework SAFe vorsieht (also den Abgleich zwischen verschiedenen agilen Teams).

Moderieren – oder besser nicht?

Auch eine weitere Überlegung ist wichtig in puncto Rollenverständnis: Sollten Sie als Themen-Eigner überhaupt das Treffen moderieren? Häufig gibt es, extern oder intern, Menschen, die das für Sie übernehmen können.

Gerade wenn die Einladenden mit dem Thema, Problem oder Ziel sehr identifiziert sind, empfiehlt sich die Trennung der Rollen »Inhaltsverantwortlich« und »Moderationsverantwortlich«. Wie im analogen Meeting auch. Sind sie nicht für die Moderation verantwortlich, dürfen sie dann ja auch parteilich handeln.

> Moderatoren sollten neutral sein, so lautet die Überzeugung vieler. Wenn Sie es anders handhaben, machen Sie es deutlich!

Ebenso entlasten Sie sich als Moderator von den Vorbereitungen, und das ist unter Umständen einiges an Arbeit, zumindest, wenn es gut werden soll (siehe dazu Kap. »Gut vorbereitet«). Aufgaben vor, im und nach dem Meeting fallen weg.

Wer ist verantwortlich für die Technik?

Prüfen Sie auch, ob Sie sich mit den technischen Problemen der Teilnehmenden beschäftigen können und wollen. Funktioniert etwa die Tonübertragung im Einzelfall nicht, könnte eine zweite Person helfen, die sich als Verantwortliche primär um Technik und die eventuell parallele Kommunikation im Chat kümmert. Und Sie so in der Leitung entlastet.

> Vor allem für noch nicht sehr erfahrene Leiter ist es nützlich, ein Tandem zu bilden: Beide haben klare und genau voneinander abgegrenzte Verantwortungsbereiche, beide ergänzen sich darin in der Moderation.

Souveränität: Kern

Wenn viele oder alle in einem weniger geübten Feld halbwissend sind, dann vermittelt jemand, der souverän ist, Sicherheit und wirkt beruhigend. Und damit gestaltend, treibend und leitend. So kommen Sie, alle gemeinsam, flotter voran. Souveränität oder zumindest der Anschein davon ist also einer der wichtigsten Hebel, wenn es darum geht, nicht-persönliche Besprechungen zu leiten.

Das Adjektiv »souverän« bedeutet unter anderem »(selbst-) sicher« oder »überlegen«, hat also im Deutschen unterschiedliche Bedeutungen (vgl. zum Beispiel https://neueswort.de/souveraen). In unserem Zusammenhang steht es aus meiner Sicht für »selbstsicher«. Selbstsicherheit ist die zentrale Eigenschaft von Digital-Treffen-Führenden.

Der Politiker Carl Schmitt sagte einst: »Souverän ist, wer über den Ausnahmezustand entscheidet.« Auch diese Sichtweise ist in unserem Kontext eine gute Idee: zu überlegen, ob Sie auch in Ausnahmezuständen eine selbstsichere Haltung zeigen können und werden. Denken Sie z.B. an einen offenen Streit in der Web-Konferenz: Wie würden Sie ihm begegnen?

Ebenso einzahlend auf die notwendige Souveränität ist ein agiles Mindset, wie es Jörg Preußig und Silke Sichart in ihrem TaschenGuide »Agiles Führen« treffend beschreiben. Es ist zwar kein Muss für das elektronische Zusammenkommen, aber ich denke, es könnte nützlich sein. Die wesentlichen Faktoren, die ein solches Mindset kennzeichnen, finden Sie in der folgenden Checkliste. Welche Schulnoten von 1 bis 6 würden Sie sich selbst für die jeweiligen Aspekte geben? Wo liegen Ihre Experimentier- und Lernfelder?

Checkliste: Faktoren eines agilen Mindsets	Note
Kooperationsbereitschaft	
Respekt	
Verantwortung	
Flexibilität	
Offene Kommunikation	
Feedback	

Checkliste: Faktoren eines agilen Mindsets	Note
Fehlerfreundlichkeit	
Mut und Experimentierfreude	
Vertrauen und Optimismus	
Lernbereitschaft	
Kundenorientierung	

Ins Ziel zielen ... und treffen

Vielleicht haben Sie schon einmal den Satz gehört: Wer ins Blaue schießt, trifft nicht immer ins Schwarze. Das passt auch auf unser Thema. Im Kontext virtueller Gespräche und Web-Präsentationen ist die Klärung von Zweck und Ziel von besonderer Bedeutung. Und das in zweifacher Hinsicht:

- Warum wollen wir dieses Treffen haben?
- Warum soll es digital sein und dezentral stattfinden?

Wenn Sie überzeugende Antworten auf diese beiden Fragen gefunden haben, können Sie sofort und zuversichtlich an die Planung und Realisierung Ihres Online-Meetings gehen.

Zweck und Ziel definieren

Es sollte immer gute Gründe geben, warum Sie als Gastgeber zum digitalen Gespräch laden. Es macht Sinn, sich und den Eingeladenen über die Einbettung, den Rahmen eines Zeit kostenden Gesprächs Rechenschaft abzulegen. Und es ist eine gute

Selbstverpflichtung, sehr deutlich zu machen, was damit konkret erreicht werden wird.

Diese Verpflichtung birgt sicher auch Risiken für den Einladenden. Es ist ja nicht immer gegeben, dass die Teilnehmenden auch »mitspielen«, der gleichen Auffassung sind, was Lösungen und Entscheidungen angeht. Dennoch: Es ist allein schon wertvoll, genau das zu wissen.

Herausfinden lassen sich Meinungsverschiedenheiten nämlich am ehesten durch proaktives, klares Ansprechen. Ein Weg dafür ist die schriftliche Zusendung von Zweck und Ziel bereits zusammen mit der Einladung. Schreiben Sie z. B.: »Diese Besprechung machen wir mit ... (*Ihr Tool*), damit niemand für die 60 Minuten reisen muss!«

Überhaupt: die Einladung ... Trauen Sie sich doch mal was! Sie darf schon für sich genommen ein Vergnügen sein. Sicherlich kann man auch ganz normal Outlook-Termine versenden. Oft enthält ja dann bereits der Titel den Zweck, z. B.: »Abstimmung Schulungsinhalt April«. Mit ein wenig Fantasie macht man aber vielleicht eine »LernReise« aus der Schulung. Und dann das Ziel dazu: »Festlegung des Lernreise-Ziels, der wesentlichen fünf Inhalte und der Vorbereitungsaufgaben im Team in diesem Monat«. Und schwupps, schon entspricht das Ziel den bewährten SMART-Kriterien.

Ziele SMART formulieren		Kontrollfragen
S	Spezifisch	Was genau soll erreicht werden? Welche Eigenschaften werden angestrebt? Wo soll das Ziel erreicht werden? Wer ist beteiligt?
M	Messbar	Woran kann die Zielerreichung gemessen werden? Wann weiß ich, dass ich das Ziel erreicht habe?
A	Angemessen, akzeptiert, aktiv, attraktiv, ambitioniert	Wirkt das Ziel motivierend? Wird es von den Beteiligten akzeptiert?
R	Realistisch	Ist das gewünschte Ziel im Rahmen des Projektes erreichbar? Ist es machbar?
T	Terminierbar, terminiert	Bis wann soll das Ziel erreicht werden? In welchem Zeitrahmen soll das Ziel erreicht werden?

Es mag vielleicht nicht so üblich sein, aber versenden Sie doch auch mal Einladungen im Stil einer Fest-Einladung oder deklarieren Sie das Online-Meeting als »Wissens-Messe«. So machen Sie alle neugierig, zumindest aufmerksam: »Was das wohl sein kann?«

Der Scope

Nützlich ist es auch, wenn der Scope des Gesprächs für alle deutlich ist. Damit legen Sie fest, worüber und vor allem auch worüber nicht gesprochen wird: »Es geht um …, aber NICHT um ...« Sie reduzieren damit z. B. die Gefahr, aus der geplanten Zeit herauszulaufen, nicht klarzukommen mit Ihrem Zeitplan, der Time Box.

Natürlich haben alle Teilnehmer eigene Vorstellungen davon, worum es gehen soll. Wer als Gastgeber bestimmte Inhalte aber (jetzt noch) nicht auf dem Tisch haben will, der kann das in der Einladung bereits klären.

Orientierung schaffen durch Ziel, Zweck und Scope

Obwohl es selbstverständlich scheinen mag: Die Klärung von Zweck, Ziel und Scope ist bei einmaligen Online-Konferenzen bedeutender als bei revolvierenden Präsenz-Meetings (z. B. Jour-fixes und Sprint-Reviews in Teams oder der Abstimmung von User Stories und Epics mit Kunden). Denn online gibt es aufgrund der reduzierten Wahrnehmungskanäle per se weniger Orientierung. Über klare Zweck-, Ziel- und Scope-Definitionen kann diese Orientierung, schon vor dem Meeting, bestmöglich geliefert werden.

Möglicherweise hilft hier auch das sog. Turtle-Modell. Ursprünglich wurde es für das Prozessmanagement entwickelt, aber es ist auch gut auf Videokonferenzen und andere E-Meetings übertragbar.

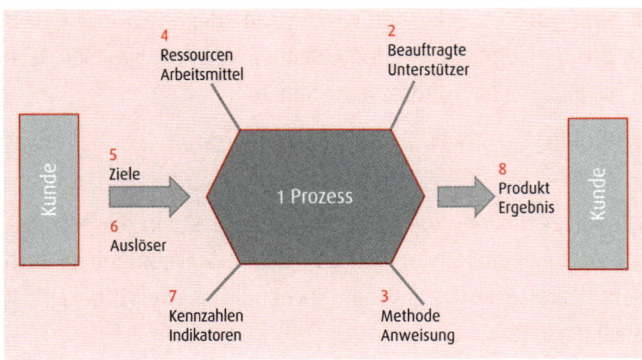

Turtle-Modell

Orientiert an diesem Modell, ist es gut, wenn Sie vorab folgende Fragen für sich beantworten:

1. **Was?** = Zweck der Sitzung und ggf. auch der Scope

2. **Wer?** = Wer nimmt alles teil?

3. **Wie?** = Hier können Sie Regeln festlegen, z.B. »Pünktlicher Beginn« oder auch zur Kleidungsetikette (wenn Sie keine Pyjamas im Video sehen möchten ...)

4. **Womit?** = Ihr Online-Tool

5. **Warum?** = Das Ziel des Online-Meetings

6. **Wann?** = Startzeit und Dauer

7. **Wie gut?** = Wie können wir messen oder nachweisen, dass das Ziel erreicht wurde? Eventuell werden Sie hier auch schon Feedback-Prozesse festlegen.

8. **Wohin?** = Für wen findet das Meeting statt, wer hat etwas davon?

Ein kurzer Hinweis zuletzt: Ja, im Sinne des von mir sehr geschätzten »generativen Dialogs« darf ein Webmeeting auch sehr gerne mal ohne Ziel sein, suchend. Das explizit geklärt ist auch ein Zweck!

Auf einen Blick: Eine neue Meeting-Kultur

- Online-Meetings ersetzen Live-Meetings nicht. Sie sind eine weitere ergänzende Möglichkeit der Kommunikation. Mit eigenen Vorteilen. Mit eigenen Beschränkungen.

- Vergleichbar mit allen anderen Lernvorgängen geht es auch beim Webinar und seiner Umgebung um gezielte Lernschritte: vom nicht-bewussten Nicht-Können zum nicht-bewussten Können. Und damit um viel Übung.

- Aufgrund der reduzierten Kommunikationskanäle in Webinar und Videokonferenz ist es umso wichtiger, Zweck, Ziel und Scope glasklar geklärt zu haben.

Ihr Werkzeugkoffer für Online-Meetings

Die neueste Conference-App, das beste Headset – die richtige Technik ist zwar wichtig, aber kein Erfolgsgarant für E-Meetings. Es braucht noch viel mehr.

In diesem Kapitel erfahren Sie, welcher Mix an Tools, Komponenten und Skills dafür nötig ist.

Alles eine Frage der Einstellung: Fokus justieren

Warum jetzt auch noch den Fokus klären, fragen Sie? Haben wir den nicht automatisch schon, wenn wir Zweck, Ziel und Scope des Online-Meetings festgelegt haben? Die Antwort: ein klares Jein.

Die Diskussion von Zweck, Ziel und Scope war eine sehr rationale, logische und vernünftige. Wenn wir nun den Fokus thematisieren, beschäftigen wir uns mit der emotionalen Seite, der psychologischen oder auch mentalen.

Gelegentlich sprechen Spitzensportler davon, »das Spiel im Kopf verloren« zu haben. Wenn der Verstand »Ja!« sagt, heißt das noch lange nicht, dass das Herz und die Seele auch folgen. Wenn diese beiden Protagonisten zu einem »Nein!« kommen, hilft das beste rationale Argument nichts. Die innere Einstellung macht einen gravierenden Teil Ihres Erfolgs aus. Bei Ihnen. Und bei den Teilnehmenden. Je tiefer und inniglicher (schönes altes Wort, oder?) Sie »Ja!« sagen zu Gesprächsinhalten und dem Digital-Format, desto fokussierter werden Sie sein. Und das sogar, ohne etwas oder gar mehr dafür tun zu müssen.

Im Umkehrschluss bedeutet das: geringere Identifikation = mehr Arbeit. Und weniger Spaß.

Natürlich kann man nicht für alles in gleicher Art und Weise »brennen«. Es ist jedoch schon viel gewonnen, sich über die Bedeutung von Identifikation im Klaren zu sein.

Stellen Sie sich auch bei virtuellen Meetings und Webinaren folgende Fragen: Sind Sie identifiziert? Reißt Sie das Thema mit? Brennen Sie dafür? Und ist das auch bei den Teilnehmenden schon so?

Die Teilnehmenden sind ebenso wichtig wie Sie als Gastgeber. Klausuren, Besprechungen – das ist Teamsport. Da ist es enorm hilfreich und nützlich, wenn alle Teamplayer funktionieren und unterstützen. Im Vorfeld des Termins oder zu dessen Beginn eine Abfrage zur Erwartungshaltung der Teilnehmenden durchzuführen, ist also eine gute Idee. Es ist vielmehr eher fahrlässig, es nicht zu tun.

Je früher und direkter nachgefragt wird, desto besser. Spät entdeckte nicht-fokussierte Teilnehmende sind nicht nur nicht hilfreich, sondern unter Umständen sogar gefährlich für Ihr Ziel. Es ist zweckmäßig, die Erwartungen mehrdimensional und auch quantitativ zu erheben.

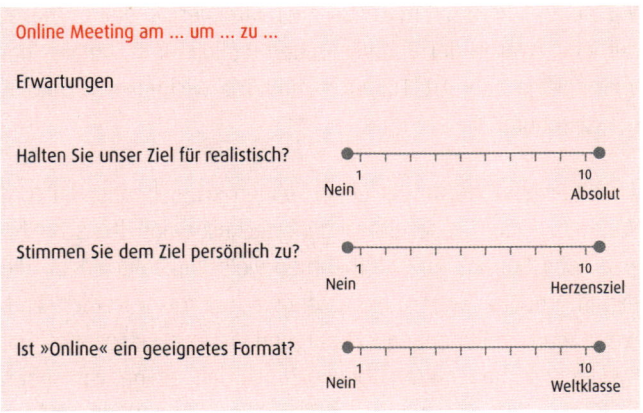

Erwartungshaltung abfragen: mehrdimensional und quantitativ

Mehrdimensionalität ermöglicht es Ihnen, verschiedene Themen abzufragen (in der Abbildung: Ziel und Format). Quantifizierung (in der Abbildung: die Skalierung von 1 bis 10) verschafft
Ihnen einen besseren Einblick in Fokus und Befindlichkeiten Ihrer Gäste. Natürlich kann eine 7 bei dem einen etwas ganz
anderes bedeuten als eine 7 bei dem anderen. Es gibt keine
absolute Vergleichbarkeit. Trotzdem ist eine solche Umfrage
immer noch besser, als nichts zu wissen. Oder falsch zu raten.

Die Ergebnisse der Abfrage dürfen Sie, wenn im Vorfeld erwor-
ben, auch gerne eingangs des Treffens zeigen. Sie müssen es
wohl sogar. Wenn Menschen vorab Input geben, erwarten sie
zu Recht Info darüber, zu welchen Zwecken er genutzt wurde.

Zuhören ist die wichtigste Technologie

Vor vielen Jahren fiel mir einmal ein laminiertes kleines Plakat
auf, und zwar in der Phantastischen Bibliothek in Wetzlar, der
weltgrößten ihrer Art. Darauf stand: »Die wichtigste Technologie ist Zuhören.«

Auch Reinhold Würth, der einen kleinen Schraubenhandel zum
Weltmarktführer in der Befestigungstechnik wandelte, schreibt:
»Ich habe bei uns im Unternehmen viele Verkäufer erlebt, die
extrem unsicher waren, die anfangs schon rot geworden sind,
wenn man sie nur angeguckt hat, und die eine Riesenangst vor
Kundenbesuchen hatten. Dennoch wurden einige von ihnen
großartige Verkäufer, weil sie zuhören konnten.« Würth beklagt,

das Nicht-Zuhören-Können sei ein großes Problem der deutschen Gesellschaft: »Jeder redet und keiner hört mehr zu. Wenn Sie in einer Gruppe von zehn Leuten zusammensitzen, werden Sie das merken: Acht oder neun Leute reden, allenfalls einer hört zu.« (vgl. www.n-tv.de/wirtschaft/Wuerth-plaudert-aus-dem-Naehkaestchen-article21533336.html; abgerufen am 26.03.2020).

Nur diejenigen Gastgeber, die zuhören, können herausfinden, wie es um ihre Teilnehmer bestellt ist. Nur wer zuhört, kann auch zwischen den Zeilen lesen. Nur wer genau zuhört, entdeckt wertvolle Hinweise, was wirklich gemeint ist.

BEISPIEL: GENAU ZUHÖREN

Wenn jemand sagt: »Da bin ich nicht völlig einverstanden«, kann das »völlig« ein Hinweis auf Unzufriedenheit sein. Spricht der andere plötzlich schneller, kann das auf Erregung hindeuten.

Bewusst halte ich mich hier kurz. Darüber gibt es weitere Bücher. Vielleicht aber doch noch eines: Zuhören ohne Zuwendung funktioniert nicht. Zuwendung in diesem Sinne ist vollständige Präsenz, 110%-ige Anwesenheit und Aufmerksamkeit im Gespräch. Fokussieren Sie also und seien Sie einfach in der Videokonferenz. Nur dort.

Der erste Eindruck zählt – und bleibt

Fakt ist: Für den (aller-)ersten Eindruck gibt es keine zweite Chance. Das gilt auch für den Einstieg in ein Meeting. Doch nicht nur das: Der erste Eindruck hat auch Einfluss auf alles, was danach kommt. Wir sprechen hier vom Halo-Effekt. »Halo« kommt aus dem Griechischen und bezeichnet den Lichtkreis um Sonne und Mond. Im Englischen bedeutet »Halo« Heiligenschein, und genau um diese Auswirkung – die Überstrahlung – dreht sich der Effekt. Was in der Sozialpsychologie als kognitive Verzerrung bezeichnet wird, ist nichts anderes als eine unbewusste, systematische »Störung« unserer Urteilskraft: Eine besondere Eigenschaft von jemandem oder ein prägnantes Ereignis überstrahlt alles Übrige.

BEISPIEL: DER HALO-EFFEKT

Ein Kollege ist vor jedem Gespräch sehr nervös. Diese Nervosität lässt ihn zum Start jedes Meetings den Faden verlieren: Er stottert und druckst unsicher herum. Dabei hätte er als ausgewiesener Experte auf seinem Gebiet so viel zu sagen! Die fatale Folge: Kunden und Kollegen nehmen ihn auch im weiteren Verlauf der Meetings nicht ernst und zweifeln seine Kompetenz an, auch wenn er sich schon längst wieder gefangen hat und durchaus Fundiertes beizutragen hat. Die anfängliche Unsicherheit strahlt weit über die Anfänge des Gesprächs hinaus.

Doch der Halo-Effekt kann auch nützlich sein. Denn er ist bewusst einsetzbar, um den Webinar- oder Meeting-Erfolg zu vergrößern. Beantworten Sie dazu die folgenden Fragen.

Schritt für Schritt: Bewusste Gestaltung des ersten Eindrucks

1. Was wird in der konkreten Digital-Begegnung der allererste Moment sein, in dem wir aufeinandertreffen?

2. Welchen Eindruck möchte ich dabei hinterlassen? Welche Adjektive möchte ich von Teilnehmern »verpasst bekommen«, würde ich danach fragen? (»Die war ...!«)

Schritt für Schritt: Bewusste Gestaltung des ersten Eindrucks

3. Was werde ich vorbereiten und in dem Moment tun, um diesen Eindruck zu hinterlassen?

4. Wie kann ich mich oder wer kann mich dabei in welcher Form unterstützen?

5. Möchte ich das im Feedback abschließend auch hinterfragen?

Und: Schauen Sie bei der Eröffnung in die Kamera, nicht auf den Bildschirm. *Direkt in* die Kamera!

Oft ergibt sich der erste Eindruck nicht im Meeting, sondern bereits davor mit der Einladung oder mit einer Hausaufgabe, um deren Bearbeitung Sie im Vorfeld bitten.

Nutzen Sie die Chance, die der erste Eindruck Ihnen bietet. Gestalten Sie ihn ganz aktiv und bewusst. Und dazu gehört auch Ihre gute Laune. Wenn Sie vor (Vor-)Freude strahlen, werden die Teilnehmenden Ihnen lieber folgen. Das wirkt wiederum auf Sie positiv, und so werden auch Sie wieder souverän(er) – eine sich selbst verstärkende Wirkung, von der Sie profitieren können.

Gute Laune wirkt übrigens nicht nur auf andere ansteckend. Beim Lachen spannen wir vom Kopf bis zum Bauch rund 300 Muskeln an, allein 17 im Gesicht. Und letztere sieht man klar und deutlich im Video! Doch nicht nur für andere, sondern auch für Sie selbst ist Lachen positiv, egal ob es einen Anlass dazu gibt oder nicht: Lachen Sie, denkt Ihr Körper, dass es wohl etwas zu lachen gäbe. Nun macht er, was er immer macht, wenn er lacht: Er produziert Glückshormone, die sog. Endorphine: die Stimmung steigt. Gleichzeitig unterdrückt er die Ausschüttung des Stresshormons Adrenalin.

> Lachen kostet nichts. Hilft aber ungemein.

Software-Tools: Was bietet Ihr virtueller Raum?

In diesem Kapitel geht es nun um die Features, um mögliche Software-Tools, die Sie für Ihre Online-Meetings nutzen können. Diese Angebote sind von Anbieter zu Anbieter unterschiedlich und entwickeln sich natürlich ständig fort. Und sehr wahrscheinlich kommen im Lauf der Zeit viele, viele neue hinzu.

Vermutlich gibt es mindestens zwei verschiedene Ausgangssituationen in den Unternehmen:

- Sie nutzen bereits eine Software oder eine Provider-Lösung – dann geht es im Folgenden eher darum, ein Gefühl für die große Vielfalt der in der Software enthaltenen Funktionen zu bekommen.

- Sie haben noch keine Lösung in Ihrer Organisation, interessieren sich aber für eine solche. Dann mag Ihnen dieses Kapitel helfen, die am besten passende zu finden (»Was genau benötige ich, was würde uns am weitesten bringen?«).

Die Qual der Wahl

Die Zahl der Anbieter, Verkäufer und Verleiher von Webconferencing-Plattformen ist immens: ADOBE Connect, Webex, Citrix, Lifesize, Skype, Circuit, Mikogo, Chime, Tiny Chat, GotoMeeting, Vsee, Remobo, Zoom, Vitero, Hangouts, Webinaris, ClickMeeting, MS Teams etc. Daneben gibt es auch noch Einzellösungen wie z. B. für reines Desktop-Sharing.

Können Sie (noch) eine Software aussuchen, dann rate ich Ihnen, die Vergleiche guter, einschlägiger Portale zu lesen (Beispiele: Chip, Computer-Woche, Heise, PC-Magazin usw.). Sie sind aktueller, als es dieser TaschenGuide je sein kann.

Hilfestellung bei der Auswahl

Unterstützend bei der Auswahl der passenden technischen Lösung sind sicher einige grundsätzliche Fragen:

- Wie viele Menschen werden meist an den Online-Meetings teilnehmen? Es gibt Lösungen für zwei bis zu Hunderten von Teilnehmenden.

- Sind wir bindungsbereit? Es gibt durchaus verschiedene Bezahl- und Vertragsmodelle, vom kostenlosen Dienst über den jeweils einmaligen Pay-per-Use, bei dem Sie jede Nutzung einzeln zahlen, bis hin zu Lizenz-Modellen, mit denen Sie sich über Monate oder sogar Jahre an den Partner binden.

- Im Gespräch mit Ihrer IT-Abteilung oder Ihrem IT-Berater ist auch klärbar, ob browser- bzw. web-basierte oder eher doch Client-Lösungen infrage kommen. Das ist unter anderem ein Thema von Zugriffsrechten und deren Administration, das hier zu weit führt.

- Oft ist es praktisch, wenn Ihre Gäste auch »nur telefonisch« dabei sein können, denn das flexibilisiert (vgl. zu den Risiken aber das Kap. »Orientieren«). Ist es z. B. möglich, sich alternativ zum VoIP (Sprachübertragung über das Internet, Breitband und WLAN) auch über Mobiltelefone einzuwählen? Das geht dann nämlich auch vom Flughafen, Bahnhof oder Autobahnparkplatz aus.

- Benötigen Sie Support? Dann ist es selbstverständlich sinnvoll, einen Partner zu wählen, der diese Hilfestellung auch bietet.

Hilfreiche Features

Was bietet Ihr Programm im Meeting? Es gibt unzählige hilfreiche Funktionen. Doch auch bei erfahrenen Online-Moderatoren habe ich bereits häufiger festgestellt, dass sie noch längst nicht alle Funktionen kennen und sich damit wesentlicher, unterhaltsamer, spannungssteigernder und wertvoller Möglichkeiten berauben.

Es lohnt sich also, sich mit dem vollen Leistungsspektrum der Technik vertraut zu machen. Experimentieren Sie, fragen Sie

erfahrene Kollegen, gehen Sie in Trainings oder sehen Sie sich
die zahllosen YouTube-Videos oder Webinare (der Hersteller)
an. Oder Sie lesen den folgenden Überblick, der zwar keinen
Anspruch auf Vollständigkeit erhebt, dafür aber meine Pra-
xis-Erfahrungen spiegelt.

Funktion	Ist hilfreich, weil ...
Whiteboard/ Zeichentafel	Alle Teilnehmer können gleichzeitig und für alle anderen unmittelbar sichtbar auf einem weißen Feld Kommentare schreiben, skizzieren, zeichnen, kommentieren, abstimmen etc.

Erfahrungen aus der Praxis

Oftmals ist es konstruktiver und kontrollierter, als vielleicht befürch-
tet, wenn »alle auf einmal« loslegen können. So entstehen spontane
Gesamteindrücke, die einen guten Überblick schaffen. Und einen Aus-
gangspunkt, von dem aus Sie dann weiterarbeiten können.

Funktion	Ist hilfreich, weil ...
Umfrage-Tools	Bewertungen (»Wie finden Sie ...?«), Quiz- oder Wissensfragen (»Was ist unser umsatzstärkstes Produkt?«), Feedback sind damit ganz einfach möglich.

Erfahrungen aus der Praxis

In kurzer Zeit rufen Sie das Wissen oder die Meinungen der gesamten
Gruppe für alle sichtbar ab.
Von hier aus geht es in eine mit allen Beteiligten abgestimmte Richtung
weiter – oder auch zurück, wenn es den Wunsch danach gibt.

Funktion	Ist hilfreich, weil ...
Dateien-Download	Dokumente aller Art können hier zum Herunterladen bereitgestellt werden.

Erfahrungen aus der Praxis

Diesen Bereich zu füllen, empfiehlt sich besonders für Moderatoren, die nicht so gut im konsequenten Beliefern von Kollegenverteilern mit Anhängen sind, die solche Dateien im allerletzten Moment erstellen oder die Teilnehmende haben, die vorab zugesendete Dateien oder Links gerne mal »vergessen«.

Funktion	Ist hilfreich, weil ...
Links, Web-Verweise	In Webinaren kann es durchaus sein, dass Teilnehmer selbstständig Inhalte erarbeiten oder vorbereiten sollen. Ein Klick auf einen Link genügt, um »an der Quelle« zu sein. Der Webbrowser macht es etwas leichter, wenn er im Videokonferenz-System zur Verfügung steht.

Erfahrungen aus der Praxis

Ohne Vorbereitung nutzt das schönste System für Verweise nichts.

Funktion	Ist hilfreich, weil ...
Gruppenräume	In virtuellen Gruppenräumen können Sie Ihre Gruppen, wie analoge auch, in Subteams teilen und an Aufgaben arbeiten lassen. Alle an den gleichen oder an verschiedenen. Diese Ergebnisse sind dann z. B. auf einem Whiteboard gesichert, für alle Teilnehmer abrufbar und können mit dem bzw. im Gesamt-Team weiterverarbeitet werden.

Erfahrungen aus der Praxis

Eine große Chance, all die langweiligen »Wir tun immer alles gemeinsam«-Meetings in proaktivere Kleingruppen-Fortschritte zu wandeln.

Funktion	Ist hilfreich, weil ...
Rollen und Funktionen, z. B. Host/ Gastgeber, Moderator, Teilnehmer	Diese Rollen haben im Online-Meeting verschiedene Rechte. Sie können z. B. allen oder einigen Teilnehmern das Mikro auf- oder abstellen (»Wort erteilen«). Oder auch Abstimmungen vorbereiten, durchführen und darstellen oder Dokumente anzeigen etc.

Erfahrungen aus der Praxis

Es ist mehr als sinnig, diese Rollen und deren Rechte gut zu kennen.
Sonst können Sie sie nicht zum Wohle des Gesprächsresultats (aus)
nutzen.

- Moderatoren haben oft das Recht, von ihrem Bildschirm aus zu
  präsentieren. Vergeben Sie dieses Recht an andere, entfällt etwa
  das lästige »Die nächste Folie bitte!« vom Vortragenden zu Ihnen als
  Host.
- Je mehr Teilnehmende Sie z. B. als Moderatoren bestimmen, desto
  mehr Hilfe haben Sie. Allerdings ist es dann auch Ihre Aufgabe, sich
  darum zu kümmern, dass bei Ihren Moderatoren-Kollegen und deren
  Aktionen alles klappt. Das setzt auch Training voraus, und zwar vor
  dem Meeting.

Geben Sie Teilnehmern z. B. das Recht, Kommentare zu sichern, müssen
Sie das nicht tun.

Funktion	Ist hilfreich, weil ...
Kamera	Kameras erzeugen Filme. So weit, so gut. Sie sind die zentrale Funktion, Sie als Moderator in Szene zu setzen (Aber Achtung: Gelegentlich sieht dann die Pflanze im Fenster hinter Ihnen aus wie Ihr Geweih! Da hilft es, ein Bild in den Hintergrund einzublenden oder ihn weichzuzeichnen, geht z. B. mit MS Teams). Ebenso zeigt die Kamera/Videoübertragung Ihnen die Teilnehmer. Viele Anwendungen switchen z. B. auch auf den Teilnehmer, der gerade spricht. Hilfreich, das zu wissen.

Erfahrungen aus der Praxis

Besondere Umsicht ist bei Leitung oder Teilnahme aus dem Homeoffice geboten. Nicht jeder mag oder verträgt Tier- oder Kaffeemaschinengeräusche im Hintergrund. Nützlich ist es auch, genug Getränke am Konferenzplatz zu haben. Auch der Toilettengang vorab schadet nicht. Falls Sie dorthin während des Meetings gehen: Mikro aus!

Eine zweite Kamera ermöglicht Ihnen den Wechsel von Szenerien (siehe unten »positive Wirkung Moderator«). Dazu können Sie unter Umständen sogar Ihr Smartphone einsetzen. Oder eine Dokumentenkamera, deren »Lupenfunktion« oft hilfreich ist.

Zumindest als Moderator können Sie auch über das Licht im Raum nachdenken, ob es keine Schatten in Ihrem Gesicht gibt oder ständige Sonnenreflexe auf Ihrer Brille.

Funktion	Ist hilfreich, weil ...
Application Sharing / Gemeinsame Anwendungen	Manchmal können Sie von Ihrem Rechner Anwendungen zeigen, die die anderen nicht auf ihrem PC haben. Vielleicht ist es auch möglich, gemeinsam auf diese Anwendungen zuzugreifen. Ähnlich dem oben erwähnten Whiteboard kann das z. B. mit Mind Maps funktionieren, die man gemeinsam online erstellt (mehr zur Mind-Mapping-Technik im TaschenGuide »Mind Mapping« von Horst Müller).

Erfahrungen aus der Praxis

Vielleicht ist es besser, diese Konferenz-Phasen zwar zu organisieren und zu leiten, jedoch nicht aktiv inhaltlich teilzunehmen. Zumindest am Anfang Ihrer Online-Meeting-Karriere reduziert das auf sinnvolle Weise die Komplexität.

Funktion	Ist hilfreich, weil ...
Ansichten / Layouts	Oft können alle Teilnehmenden für sich und der Host für alle Ansichten auswählen. Damit wird bestimmt, was sie sehen und wie groß sie es sehen. Zum Beispiel lassen sich damit Teilnehmerlisten (siehe unten) ausblenden.

Erfahrungen aus der Praxis

Die Grundeinstellung dazu kommt sicher vom Gastgeber. Nur wenige Teilnehmer wissen um die Möglichkeit. Kaum einer stellt also von sich aus um. Umso besser ist es da, wenn Sie das gelegentlich tun. Um die Teilnehmenden wacher zu halten, machen Videobilder Sinn. Arbeiten Sie am Whiteboard, braucht es sie nicht unbedingt.

Teils können Teilnehmer selber bei sich die Datei-Ansichten vergrößern (»zoomen«), was besonders nützlich bei kleinen Notebooks ist.

Funktion	Ist hilfreich, weil ...
Teilnehmerliste oder -leiste	Sie zeigt, wer da ist, telefonisch oder per Videochat, und nennt die Anwesenden, unter Umständen nach (laufender) Nummer oder Einwahlnummer.

Erfahrungen aus der Praxis

Geben einige Teilnehmer ihren Namen bei der Ankunft im E-Meeting nicht ein, sind sie ab diesem Zeitpunkt »nur eine Nummer«. Bei größeren Gruppen kommt man dann bestenfalls per Zufall oder Namensnennung darauf, wer da gerade spricht.

Wer über Video zu sehen ist, sich aber über das Telefon den Ton eingewählt hat, der ist zweimal in der Liste: Welches Telefon gehört aber nun zu welchem Bild? Bei größeren Gruppen braucht es hier Regeln. Simple Regeln reichen aus. Ein Beispiel: Wer spricht, nennt anfangs seinen Namen. »Uli. Ich meine, ...!«.

Funktion	Ist hilfreich, weil ...
Chat oder Textchat	Jeder kann mit jedem Nachrichten in einem Text-Chat teilen, also Texte austauschen. Die Voreinstellung ist meist »Alle an alle«. Möglich ist aber auch, gezielt einem oder wenigen anderen eine Information zu senden.

Erfahrungen aus der Praxis

Im Chat stehen im Grunde immer auch Icons zur Verfügung. Sie lassen sich für Feedback oder Abstimmungen nutzen (»Zeigen Sie mit einem Smiley Ihrer Wahl, wie frisch Sie sich noch fühlen!«).

Textnachrichten können im Webinar genutzt werden, um Fragen an den Gastgeber zu senden. Sie lassen sich sammeln und dann konzentriert beantworten.

Ein Chat ist eine wesentliche Zusatzfunktion, um mal weg vom mäandernden Gespräch zu kommen und die Gruppe insgesamt zu aktivieren.

Funktion	Ist hilfreich, weil ...
Präsentationen	Über den Bildschirm des Hosts oder Moderators werden PowerPoint- oder Prezi-Präsentationen gezeigt.

Erfahrungen aus der Praxis

»Vorträge« von mehr als 30 Minuten sind online eine Zumutung. Fassen Sie sich also am besten kurz und halten Sie auch die Teilnehmenden dazu an (mehr zu diesem Thema in Kap. »Meeting-Regeln«).

Funktion	Ist hilfreich, weil ...
Protokolle	Parallel zur Unterredung kann ein Protokoll erstellt werden, von Ihnen oder jemand anderem, dem Sie diese Rolle vorab zugewiesen haben. Es kann jederzeit eingesehen oder »hervorgezogen« werden ...

Erfahrungen aus der Praxis

... damit später kein »geheimes« Protokoll entsteht, das etwa penibel auf eventuelle Manipulation gescannt werden müsste. Nicht nur bei Online-Meeting-Anfängern empfiehlt sich eine Rollentrennung: Die Moderatorin leitet, ein Kollege protokolliert. Das entlastet und wirkt sich günstig auf die Qualität beider Aufgaben aus.

Funktion	Ist hilfreich, weil ...
Speichern/ Aufzeichnen	Die simpelste, jedoch auch die wichtigste Funktion.

Erfahrungen aus der Praxis

Jedes in der Sitzung erstellte oder geänderte Dokument muss gesichert werden. Dass das nicht passiert, passiert häufiger als gedacht. In der Regel muss jedes Dokument einzeln gespeichert werden. Sonst ist es am Meeting-Ende verloren!

Meist können Sie das gesamte Meeting aufzeichnen. Das ist eine feine Sache, denn so können auch Nicht-Teilnehmer sich das später ansehen (z. B. auf dem Sharepoint oder bei Webinaren auf der eigenen Homepage). Das bedeutet aber auch, die Teilnehmenden am Anfang zu fragen, ob jemand etwas gegen die Aufnahme hat. Falls nicht, unbedingt Aufnahme-Button drücken! Da viele VideoCon-Tools aus den USA kommen, haben die Teilnehmer unter Umständen auch zum Speicherort der Aufnahme Fragen.

Funktion	Ist hilfreich, weil ...
Annotation / Kommentierung	Teilnehmer können auf Ihre Folie oder Seite schreiben und zeichnen.

Erfahrungen aus der Praxis

Das ist im Grunde praktischer als ein Whiteboard. Sie können damit nämlich schon im Vorfeld ein interaktives Moment einplanen. Bitte die Sicherung nicht vergessen, denn teils ist schon beim Umschalten auf die kommende Seite der Input verloren!

Sie haben einige dieser Funktionen nicht?

- Schauen Sie noch mal genau hin. Vielleicht sind sie, unter anderem Namen, doch da? Gegebenenfalls fragen Sie die Anwender-Community. Vielleicht weiß dort jemand Rat.

- Die Zahl der Tutorials steigt mittlerweile rasant. Eins der besseren Resultate von SARS-CoV-2.

- Zumindest einige der gezeigten Möglichkeiten lassen sich auch abseits Ihrer Anwendung mit anderen Apps realisieren.

  – So gibt es z. B. jede Menge Anwendungen zur Abstimmung, deren Team-Ergebnisse Sie teils auch wieder über Ihren Bildschirm zeigen können (Beispiel: Mentimeter).

  – Haben Sie keine Protokollfunktion, können Sie dennoch parallel zum Online-Meeting ein Protokoll im Textverarbeitungsdokument erstellen (lassen). Und das dann gelegentlich im Besprechungsverlauf zeigen (»Dann würde also Dr. Müller diese Aktion aus dem Besprochenen mitnehmen: ...?!«)

ORA: Orientieren – Ritualisieren – Aktivieren

Lassen Sie uns nun den virtuellen Raum mit all seinen Features einen Augenblick verlassen, um uns dem Zwischenmenschlichen zu widmen.

Wer andere online überzeugen und motivieren möchte, braucht hohe Präsenz und Fokus, und das über längere Zeiträume.

Doch das ist gar nicht einfach: Häufiger habe ich erlebt, dass sich zwei oder drei Partner in einem Online-Treff »abrackerten«, während die Kollegen nur gelegentlich oder gar nicht inter-/agierten.

Doch was tun in solchen Situationen? Die Lösungsformel lautet: ORA. Das Akronym ORA ist eine sprachliche Anlehnung an das Motto »Ora et labora«, das dem Benediktiner-Orden zugeschrieben wird: Bete und arbeite. Diese Parallele ist durchaus zufällig entstanden. Denken Sie sich nicht zu viel dabei. Allerdings lässt sich das Prinzip so gut merken, finde ich.

ORA setzt sich aus den Anfangsbuchstaben von Orientieren, Ritualisieren und Aktivieren zusammen. Diese drei Vorgehensweisen sind uralte Ansätze des Lernens und des Ab-/Sicherns des Gelernten. Drei Fakten sprechen dafür, diese didaktischen Prinzipien auch in der virtuellen Zusammenkunft zu nutzen:

1. Die reduzierte Anzahl der Kommunikationskanäle: Die Teilnehmenden können nur hören und sehen, eventuell auch nur hören.

2. Die noch geringe Erfahrung mit dem Medium »Online-Meetings«.

3. Die zunehmend geringere Aufmerksamkeitsspanne der Menschen: Angeblich ist sie im Lauf der Zeit unter acht Sekunden gesunken und damit kürzer als die von Goldfischen.

Übertragen auf Online-Meetings steht ORA für folgende Aspekte.

Das ORA-Prinzip	
Orientieren	• Wo befinden wir uns jetzt gerade in unserer Meeting-Tour? • Was kommt jetzt? • Und wann ist das »fertig«? • Was war gut, was weniger?
Ritualisieren	Wiedererkennungspunkte schaffen Ruhepole und Sicherheit. Es ist ein gutes Gefühl, zu wissen, was nun kommt und wozu das gut ist. Und auch mal, dass es ist, »wie es immer ist«.
Aktivieren	Runter von der inneren Couch und rein ins Mitdenken und ins gemeinsame Tun. Fordern Sie (auf). Steigern Sie das Tempo. Arbeiten Sie mit Zeitplänen und durchaus sportlicher Taktung. Laden Sie jeden ein und holen sie alle ab. Nehmen Sie mit, wen Sie kriegen können! Aktivierte Teilnehmende haben Spaß und machen Spaß.

Selbstverständlich gibt es zwischen den einzelnen Vorgehensweisen auch Schnittmengen. Das ist auch gut so. Ein paar Beispiele:

• Aktivierendes Vorgehen kann, wenn es an bestimmten Stellen immer in gleicher Weise geschieht, ein Ritual sein. Beispiel: Die Aufforderung fällige To-dos am Anfang jeden Treffens zu erläutern.

• Ein »Witz des Tages« dient der zeitlichen Orientierung, wenn er immer nach der Pause kommt. Ebenso wirkt er aktivierend auf den Körper: Die Lachmuskeln treten in Aktion.

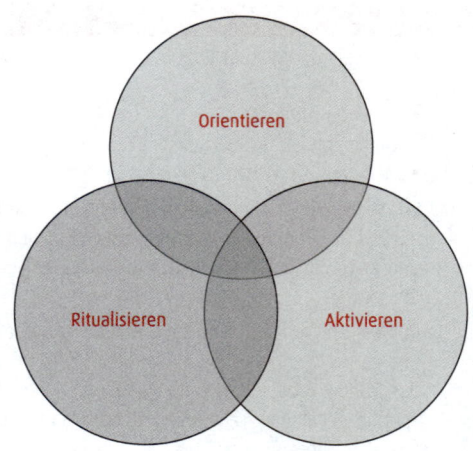

ORA hat Schnittmengen

Mehr zum ORA-Prinzip finden Sie im gleichnamigen Kapitel.

Die Kraft der Kommunikation nutzen

Miteinander im Austausch zu sein, ist eine vielfältige und bunte Angelegenheit. In Sekundenbruchteilen und vor allem in stundenlangen Begegnungen spielt sich zwischen Menschen sehr, sehr viel ab. Längst nicht alles davon bleibt jedoch haften.

Infos nachhaltig vermitteln

Studien haben ergeben, dass in einer Sekunde circa elf Millionen Sinnesreize auf einen Menschen einprasseln. Allerdings kann vom Gehirn nur ein sehr geringer Teil davon bewusst weiterverarbeitet werden. Diesen bewussten Anteil zu vergrößern, ist die Kernkompetenz eines guten Online-Gastgebers. Denn aus dem bewussten Reiz, dem bewusst wahrgenommenen Input und der bewusst eingesetzten Reaktion darauf wird erfolgreiche Digital-Kommunikation. Um es mit dem Neurologen Viktor Frankl zu sagen: »Zwischen Reiz und Reaktion liegt ein Raum. In diesem Raum liegt unsere Macht zur Wahl unserer Reaktion. In unserer Reaktion liegen unsere Entwicklung und unsere Freiheit.«

Die Lernpsychologie hat Folgendes nachgewiesen (vgl. hierzu Fenske): Wir behalten

- 10 % von dem, was wir lesen,
- 20 % von dem, was wir hören,
- 30 % von dem, was wir sehen,
- 50 % von dem, was wir hören und sehen,
- 70 % von dem, worüber wir selbst sprechen,
- 90 % von dem, was wir selbst ausprobieren und durchführen.

Das spricht natürlich sehr für das »A« im ORA-Prinzip (siehe hierzu das gleichnamige Kapitel). Lassen Sie die Teilnehmenden also etwas tun. Lassen Sie sie probieren, selber gestalten, aktiv sein! Auch dass das Hören dem Lesen überlegen ist, ist eine gute Nachricht für diejenigen, die digitale Meetings abhalten.

Die Kommunikationsebenen

Aber nicht nur die Wahrnehmungskanäle spielen eine Rolle dabei, was und wie viel bei den Teilnehmenden aus einem E-Meeting hängenbleibt. Auch die Art, wie wir kommunizieren, ist entscheidend. Es gibt drei Ebenen der Kommunikation.

Die Kommunikationsebenen	
Verbale Ebene	Dazu gehört all das, was wir mit unseren Worten ausdrücken.
Paraverbale Ebene	Hierzu zählen beispielsweise die »Emotionalität« in der Stimme oder die Intonation oder das Sprechtempo. Desto mehr aus der Stimme an Emotionen herauszuhören ist, desto mehr können die Zuhörer aufnehmen und verinnerlichen.
Extraverbale Ebene	Hierzu zählt all das, was wir nicht mit Worten, sondern mit unserem Körper, also unserer Gestik und Mimik ausdrücken. Auch bei virtuellen Meetings mit Bildübertragung ist die Wirkung von Körpersprache nicht zu unterschätzen. Sie bildet mit dem Paraverbalen zusammen die sog. nonverbale Kommunikation.

In Online-Meetings können Sie als Moderator, als AnLeitender vor allem mit der extraverbalen Kommunikation punkten. Nehmen wir den (unbedingt anzustrebenden) Fall, dass alle per Video zu sehen sind. Gibt es aktuell keine Datei-Präsentation eines Teilnehmers auf dem Screen, schaltet üblicherweise im Gesprächs-/Diskussionsmodus der »größte« Bildschirm auf den aktuell Sprechenden. Ihn kann man dann ohne Probleme gut wahrnehmen in seiner extraverbalen Kommunikation. Man sieht seine Mimik und Gestik – eben alles, was im Kamerabereich gezeigt wird. Man nimmt mehr oder weniger bewusst wahr, ob der Gezeigte lacht oder angespannt ist. Genau dort liegt Ihre Chance zu punkten: Nehmen Teilnehmer nicht bewusst wahr, was Sie bewusst gestalten, gelingt die digitale Konferenz noch besser.

> Je bewusster Sie verbale und nonverbale Kommunikation einsetzen, desto einfacher wird Ihnen Ihre Online-Kommunikation fallen.

Es gibt eine Reihe praktischer, einfacher Möglichkeiten, Ihre positive Wirkung als Leiter und Moderator mithilfe der extraverbalen Kommunikation zu verstärken:

- Schauen Sie immer wieder in die Kamera. Das wirkt so, als ob Sie die Teilnehmer direkt ansehen.

- Mit der »Spotlight«-Funktion heften Sie Videos für alle groß und gut erkennbar an.

- Begleiten Sie Ihre Worte aktiv mit den Händen und dem Oberkörper, lebendig und bewegt. »Hampeln« wäre aber das andere Ende der Skala ...

- Sprechen Sie die Teilnehmer gelegentlich mit ihrem Namen an (»Danke, Frau Müller!«). Der berühmte Kommunikationstrainer Dale Carnegie hat vor vielen Jahrzehnten herausgefunden: Das Wort, das wir am liebsten hören, ist der eigene Name.

- Eine zweite Kamera ermöglicht nicht nur eine weitere Perspektive, sondern auch z. B. eine aktive Sequenz an einem

Flipchart wie in einem »richtigen« Seminar. Im Webinar finde ich das ungeheuer wichtig, denn dort finden sich unter Umständen sehr viele Teilnehmer, die selber sehr wenig aktive Anteile haben.

- Lächeln, lächeln, lächeln Sie!

Doch was tun, wenn extraverbale Kommunikation nicht möglich ist, weil einzelne Teilnehmende nur auditiv zugeschaltet sind? Sie sind immer »besonders« zu integrieren.

BEISPIEL: REIN-AUDITIV TEILNEHMENDE

Letztens saß ich in einem Autobahnrestaurant einer Dame gegenüber, die während des Essens die Smartphone-Hörer im Ohr hatte. Gelegentlich gab sie ein »Yes!« von sich, ansonsten aber aß sie und trank später noch einen Espresso. Berufsneurotisch angestupst fragte ich sie nach Beendigung des Gesprächs, ob ich wissen dürfe, was sie da getan habe. Sie sagte: »Das war unser wöchentliches Prioritization Meeting *(Anm: im Rahmen des agilen Kanban-Management ein Standard-Meeting zur Vereinbarung, was als Nächstes getan werden wird)*. Unser Lead Link *(Anm: sinngemäß »Teamleiter«)* möchte, dass wir alle dabei sind, ändert aber dann seine Meinung doch nicht, wenn ich etwas anders sehe. Über die Wochen weiß ich, dass ich meine Ruhe habe, wenn ich ab und an so tue, als wäre ich aktiv teilnehmend. Das genügt.«

Die Dame aus dem Beispiel nahm es leicht, aber im Übrigen gilt: Nur-auditive Telefonteilnehmer haben es schwer. Sie sind auf die verbale Ebene reduziert. Und für den Gastgeber ist es so, als säße der Gast hinter einem Vorhang. Gelegentlich hörst du sie oder ihn. Die Übereinstimmung von »Ton« und »Bild« ist aber nicht herstellbar. Auch wenn wir mit der Kulturtechnik

»Telefon« deutlich mehr Übung haben als mit TV und Internet, bleibt diese schwerwiegende Einschränkung.

Wie Sie Abhilfe schaffen? Fragen Sie regelmäßig: »Wie geht es dir? Was tust du? Ist das für dich nachvollziehbar und okay? War das verständlich? Bist du anderer Meinung?« Auf diese Weise Nähe zu schaffen, ist ergebnisfördernd für das Treffen am »virtuellen Feuerplatz«.

Eine weitere Herausforderung sind die (aktuell) nicht-aktiven Mitarbeitenden. Man sieht sie bestenfalls als »kleine Kachel«. Das reduziert sie im Grunde auf die Gestik. Man erkennt gerade noch ihr Kopfnicken und -schütteln, den zugewendeten Körper oder ihr Gesicht, oder dass sie sich Notizen machen – aber auch das je nach Bildschirmeinstellung nur für etwa acht bis zwölf Teilnehmer.

Hier ermöglicht ein regelmäßiger Scan der Videos eine rasche, intuitive Prüfung der »inneren Beteiligung«. Diese Chance ist genauso groß wie in einem Live-Meeting, also keinesfalls eine Verschlechterung Ihrer bewussten Reiz-Reaktionsmöglichkeit.

Zusätzlich haben Sie in einer Reihe von Tools die Chance, als »Host« einzelne Teilnehmer »anzuheften«, d.h. sehr groß zu sehen oder ständig. Ein zweiter Bildschirm verschafft Ihnen noch mehr Möglichkeiten, alle Teilnehmenden größer zu sehen.

Und nicht zuletzt noch ein wichtiger Aspekt in diesem Kommunikationskapitel: Nicht nur im Coaching und in der Therapie gilt, dass die Beziehungsqualität wesentlicher Teil des Erfolges ist. »Gut miteinander zu sein«, ist sicherlich auch ein wichtiger Aspekt für Ihre Online-Meetings.

Lassen Sie Bilder sprechen

Bilder, neudeutsch im Präsentationsjargon: Visualisierungen, haben ungeheure Wirkung. Sie

- haften besser als Texte,
- machen Informationen viel schneller deutlich als Texte (»auf einen Blick«),
- aktivieren eher als Worte,
- regen die Kreativität an.

Das ist auch wissenschaftlich belegt. Nutzen Sie diese Vorteile ganz gezielt, um die Teilnehmenden fester ins Meeting zu binden und deren Interesse hoch und höher zu halten.

Bilder in Präsentationen

Wer im monatlichen virtuellen Vertriebsmeeting Zahlenkolonnen »um die Ohren gehauen bekommt«, wer im Webinar die 22. engbeschriebene Folie vorgelesen bekommt, der ist gestresst, verwirrt, verloren. Oder alles auf einmal. Dabei geht das einfacher. Und effizienter. Mit Bildern.

Nicht nur Mindmapper wissen, dass kurze Worte/Texte als Bild in unserem Gehirn abgespeichert werden. Auch der Psychologe Prof. Richard E. Mayer zeigt in seiner kognitiven Theorie des multimedialen Lernens auf, dass eine stark bildhafte Darstellung in PowerPoint, Prezi etc. das Lernen erheblich befördert. Damit sich Infos im Gehirn verankern, helfen »duale Kodierung« (Inhalt wird sowohl im Text als auch im Bild vermittelt) und »räumliche Nähe«: ein Bild wird vom zugehörigen Text auf der gleichen Seite (sehr kurz) unterstützt.

Wortbilder: Metaphern

Auch Worte erzeugen Bilder in den Köpfen der Zuhörer, und zwar Bilder, die hängenbleiben. Solche Metaphern gibt es fast wie Sand am Meer (!). Denken Sie z. B. an

- das »gemeinsame Boot«, in dem das ganze Team sitzt,
- das »Ziehen an einem Seil«, möglichst in die gleiche Richtung,
- die »Überwindung« von Widerständen,
- die »glänzende« Zukunft,
- den »Mietendeckel«,
- den »Ruhepol«.

Die bildhafte Sprache hilft Ihren Zuhörern und damit auch Ihnen enorm weiter. Schalten Sie das Kopfkino Ihrer Teilnehmer an! Trinken Sie mal einen E-Wein mit allen, zum FeierAbend.

Sprache und Stimme bewusst einsetzen

In Videokonferenzen können die Teilnehmenden Sie nicht nur hören, sondern auch sehen. Damit lässt sich jedoch nicht annähernd so viel Nähe schaffen wie in einem Präsenzmeeting. Es braucht daher Ihre Stimme und Ihre Sprache, um positive Emotionen zu transportieren. Bewusst modulieren können wir unsere Stimme und Sprache durch die folgenden Aspekte:

- Wortwahl und Satzstruktur
- Stimmklang und Stimmqualität
- Sprechtempo und Satzmelodie

Wortwahl und Satzstruktur

Spätestens seit wir Gehirnströme messen können, wissen wir: Jedes Wort wirkt, und zwar bei jedem höchst individuell. Wörter setzen bei uns automatisch einen Denkprozess in Gang:

- Woher kenne ich das?
- Womit steht es in Verbindung?
- Habe ich damit gute oder schlechte Erfahrungen gemacht?

Je intensiver die eigenen emotionalen Erfahrungen mit einem Wort sind, desto intensiver ist auch die akute Emotion, die das Wort beim Hörer auslöst. Wenn wir also einen Begriff verwenden, vielleicht sogar mehrfach, haben wir nicht den Hauch einer

Ahnung, auf welcher emotionalen Spur sich unsere Teilnehmenden befinden.

Hierzu zwei Beispiele.

BEISPIEL: DAS WORT »HANDY«

Beim Ersten löst der Begriff »Handy« die positive Assoziation »Macht Spaß!« aus, beim Zweiten ein panisches Gefühl: »Oh weh, wo ist es schon wieder?«, beim Dritten Ärger: »Diese verfluchte ständige Erreichbarkeit!«, beim Vierten Dankbarkeit: »Ohne mein Handy hätte ich nicht um Hilfe rufen können«.

Je öfter wir das Wort wiederholen, desto intensiver ist übrigens die Wirkung. »Handy« ist meist noch harmlos in der Wirkung, andere Begriffe dagegen nicht.

BEISPIEL: DIE TOTGEBURT

Bei einem Meeting, bei dem es um ein neues Projekt ging, fiel der Satz: »Ich fürchte, das wird eine Totgeburt«. Das war gut gemeint als Warnung, noch einmal die Risiken zu überdenken. Was der Sprecher nicht wusste: Die Kollegin neben ihm hatte vor Jahren selbst eine Totgeburt erlebt. Nach diesem Satz war der Rest des Meetings bei ihr Nebensache.

In Online-Meetings ist es für Sie ungleich schwerer als in Präsenzmeetings, die aktuelle Gefühlslage aller Teilnehmenden im Blick zu haben. Um das Risiko zu mindern, dass Menschen emotional aussteigen, verzichten Sie am besten auf stark aufgeladene Kraftausdrücke. Sie wissen nie, was die anderen erlebt haben.

Tipp Nr. 1: Keine negativen Kraftausdrücke!

Verzichten Sie auf negative Wortbilder wie »an die Wand nageln«, »aufspießen«, »Bombenwetter«, »Nervensäge« und Ähnliches.

Wie bereits mehrfach erwähnt, brauchen Online-Meetings eine klare Führung – und genau hier gibt es in der Sprach- und Wortwahl eine Falle: Füllwörter und Konjunktive. »Äh, eigentlich würde ich jetzt gerne weitermachen ...« Was für eine Reaktion löst das bei Ihnen aus? Im besten Fall: »Ja und, warum tun Sie es dann nicht?«

Wenn Sie ergebnisoffen sein wollen, ist der Konjunktiv natürlich prima: »Wir könnten jetzt so und so weitermachen ...«, »eine andere Möglichkeit wäre ...«. Damit geben Sie den Teilnehmenden Denk- und Handlungsfreiheit. In anderen Situationen kommt es jedoch auf klare Führung an. Und genau dort wirken Konjunktive kontraproduktiv. Wenn Sie z. B. Ihren Zeitplan strikt einhalten wollen, dann ist eine klare Sprache deutlich erfolgversprechender: »So, wir machen jetzt weiter. Begeben Sie sich bitte jetzt in die vereinbarten Online-Teamräume. Haben Sie noch Fragen? (kurze Pause) Sie haben zehn Minuten Zeit. Um 14 Uhr geht's im Plenum weiter.«

Denken Sie an ORA: Mit einer klaren Sprache geben Sie eine klare Orientierung.

Tipp Nr. 2: Klare Sprache!

Verzichten Sie auf den Konjunktiv und Füllwörter wie »eigentlich« und »irgendwie«. Geben Sie klare Anweisungen.

Im Kapitel »ORA« haben wir bereits festgestellt, wie wichtig Aktivierung ist. Die beste Satzart, die wir dafür zur Verfügung haben, ist die Frage. Es gibt ein breites Spektrum an Fragetypen.

Üben Sie es, auf dieser Klaviatur zu spielen. Da sind die geschlossenen Fragen, die man nur mit »Ja« oder »Nein« beantworten kann. Damit spitzen Sie zu und kontrollieren das bisher Erreichte:

- Haben wir alle Aspekte angesprochen?

- Sind Sie mit der Lösung, die jetzt auf dem Tisch liegt, einverstanden?

- Haben Sie noch eine weitere Idee?

Offene Fragen hingegen geben Raum und laden zur Beteiligung ein.

- Welche weiteren Ideen haben Sie?

- Welche Risiken haben wir noch nicht bedacht?

- Wie lange werden wir dazu brauchen, was meinen Sie?

- Wie würden Sie mit folgendem Einwand umgehen?

- Was würden Sie jetzt noch gerne wissen?

Auch Umfrage-Tools sind eine gute Form, Fragen in die Runde zu stellen. Per Knopfdruck ist es vor allem für die Stilleren und Introvertierteren im Meeting einfacher, sich zu äußern.

Tipp Nr. 3: Fragen Sie!

Stellen Sie offene und geschlossene Fragen. Nutzen Sie Feedback-Tools. Und fragen Sie nur, wenn Sie auch wirklich offen für Antworten sind!

Stimmklang und Stimmqualität

BEISPIEL: WENN NIEMAND ZUHÖREN WILL

»Wieder nicht richtig zugehört!« Matthias Färber ist frustriert. Gerade hat er sein Videomeeting beendet. Dort hat er den Kollegen aus dem Vertrieb das neue Fertigungsverfahren vorgestellt, das unter seiner Leitung eingeführt wurde. Dabei ist es doch für die Vertriebler so wichtig zu wissen, welche neuen Möglichkeiten sich daraus für die Kunden ergeben! Doch er hat bemerkt, dass sie – wie so oft – nach fünf Minuten abgeschaltet haben. Es kamen keine Rückmeldungen. Er fragt sich: »Warum hören die mir nicht zu, wenn ich spreche?« Nach dem Meeting fasst er sich ein Herz, greift zum Telefonhörer und stellt diese Frage seinem langjährigen, ihm vertrauten Arbeitskollegen Tom, der ebenfalls am Meeting teilgenommen hat. Die Antworten lassen Färber aufhorchen: »Matthias, ganz ehrlich? Dass dir die anderen nicht zuhören, hat nichts mit deiner Kompetenz oder der Qualität des neuen Fertigungsverfahrens zu tun. Es ist einfach sehr anstrengend, dir zuzuhören. Du nuschelst und du ziehst beim Atmen so laut die Luft ein, dass man das Gefühl hat, du erstickst gleich. Dadurch, dass das Mikro vom Headset so nah an deinem Mund ist, hört man das extrem laut. Hast du schon mal überlegt, ein Stimmtraining zu machen?«

Eine gute, klangvolle Stimme lässt Sie kompetent und souverän wirken, auch und vor allem in Online-Meetings. Diese Tipps aus der Praxis können Sie leicht umsetzen:

1. Achten Sie auf Ihre Atmung. Die meisten Menschen atmen flach. Üben Sie, ruhig und tief in den Bauch zu atmen.

2. Ziehen Sie, damit Sie gut atmen können, eine bequeme Hose an, die Ihnen genug Bewegungs- und Atemfreiheit lässt.

3. Auch eine gute, gerade Körperhaltung trägt dazu bei, dass Sie genügend Luft bekommen: Sitzen Sie gerade, stellen Sie beide Beine auf den Boden.

4. Achten Sie darauf, dass Ihr Kinn leicht nach unten gesenkt ist.

5. Gönnen Sie sich ein gutes Headset und stellen Sie es so ein, dass Sie mindestens 4 bis 5 Zentimeter Abstand zum Mund haben. Dann hört man Atmen- und Zischgeräusche nicht so laut. Headsets sind besser als Standmikrofone, denn Sie haben damit mehr Bewegungsfreiheit.

6. Stehen Sie kurz vor dem Meeting noch einmal auf. Öffnen Sie das Fenster, füllen Sie Ihre Lungen mit Sauerstoff. Trinken Sie ein Glas Wasser ohne Kohlensäure (denn die stößt eventuell auf). Und gehen Sie noch einmal auf die Toilette – auch eine volle Blase kann die Stimmqualität mindern.

7. Versetzen Sie sich selbst in eine positive Stimmung: Führen Sie sich Ihr Ziel für das Meeting noch einmal klar vor Augen. Freuen Sie sich auf den Austausch – und auf die Teilnehmenden. Lächeln Sie. Positive Emotionen haben eine große Wirkung auf Ihre Stimme. Nicht umsonst sind Stimme und Stimmung Wortverwandte.

Sprechtempo und Satzmelodie

Nun kommen wir zu Ihrer stärksten Sprech-»Waffe«. Das, was Sie inhaltlich auf dem Kasten haben, kommt beim anderen nur an, wenn Sie es richtig rüberbringen. Wesentliche Faktoren dafür sind Sprechtempo und Satzmelodie. Sie sind bei Digital-Meetings noch viel wichtiger als bei Live-Meetings und -Vorträgen. Denn online kommt es immer wieder zu Tonschwankungen,

Verzerrungen oder Verzögerungen. Es wäre daher fatal, wenn Sie »ohne Punkt und Komma sprechen«. Nicht jedem ist ein gemäßigtes Sprechtempo in die Wiege gelegt. Was aber jeder Sprecher recht zügig lernen kann, ist das Sprechen in kurzen Bogensätzen. Und das geht so:

- Wählen Sie kurze Sätze. Vermeiden Sie Schachtelsätze, die mehr als einen Nebensatz haben.

- Senken Sie am Ende eines jeden Satzes die Stimme. Kommen Sie mit Ihrer Stimme also quasi »auf den Punkt«.

- Machen Sie nach jedem Satz eine kurze Pause.

Mit Bogensätzen gleichen Sie Übertragungsschwankungen aus. Sie geben dem, was Sie sagen, Gewicht und Struktur. Die Hörer haben in den kurzen Pausen Zeit, das Gehörte in sich nachklingen zu lassen und, wenn nötig, Verständnisfragen zu stellen. Wenn Sie stimmlich auf den Punkt kommen, wissen die Hörer: Dieser Aspekt ist abgeschlossen – fast so deutlich wie in Giovanni Trapattonis legendärer Wut-Ansprache: »Ich habe fertig!«

Die Macht der Moderatoren

Natürlich haben Sie als Moderatorin oder Moderator Macht. Sie können z. B.

- Teilnehmende stummschalten oder ihnen, mittels Fragen, das Wort erteilen oder ein Thema zuweisen,

- mit der Agenda und den (Zwischen-)Zielen Themen Raum und Zeit einräumen oder eben auch nicht,

- Fragen aus dem Chat in die Diskussion inkludieren oder ignorieren usw.

Diese Macht verleiht Ihnen einen gewissen Vorsprung vor den Teilnehmenden. Nimmt Sie jedoch auch in die Verantwortung. Mit dem folgenden Test können Sie herausfinden, ob Sie sich dieser Verantwortung bereits bewusst sind. Seien Sie ehrlich zu sich: Was sehen Sie als Aspekt Ihrer Moderatoren-Stellenbeschreibung (Kreuz bei »Ja«)? Was (noch) nicht (Kreuz bei »Nein«)?

Checkliste »Potenzielle Aufgaben der Moderation«		
Aufgabe	**Ja**	**Nein**
Virtuelle Session vorbereiten		
Start planen und positiv starten		
Mobilisieren und motivieren der Teilnehmer		
Ziel und Tagesordnung vorstellen		
Vertrauensvolle Atmosphäre aufbauen und halten		
In kritischen Situationen eingreifen und steuern		
Zwischenergebnisse zusammenfassen		
Hilfreiche Arbeitstechniken vermitteln		
Sammeln und strukturieren der Beiträge		
Ziel im Blick, zielführend agieren		
Zeit beachten und einhalten		
Aufgaben explizit und erkennbar verteilen		

Einzelne oder mehrere dieser Aufgaben können Sie gut auch an Kollegen delegieren. Jeder Teilnehmer erhält eine oder zwei der Aufgaben und ist als »Sheriff«, »Observer« oder »Kapitän« für die gute Aus-/Führung verantwortlich. Eine tolle Aktivierungsmöglichkeit! Wenn Sie nicht delegieren, dürfte die unausgesprochene Erwartung der Teilnehmenden auf Ihnen lasten. Gehen Sie also lieber gleich in eine explizite Verabredung, zu Beginn des Meetings (Whiteboard vorbereiten!) oder zuvor per E-Mail: Wer übernimmt was in der Steuerung? Auch das ist eine Frage der Macht, irgendwie.

Zumeist wird eine zentrale Aufgabe bei Ihnen bleiben: die zeitliche Steuerung, die Uhr im Blick zu behalten und immer wieder auf dieses Limit hinzuweisen. Dass das immens wichtig ist, liegt am sogenannten Parkinson`schen Gesetz. Es geht auf den britischen Historiker und Publizisten Cyril Northcote Parkinson zurück. Er stellte – nicht ganz ohne Augenzwinkern – fest, dass sich Arbeit in genau dem Maße ausdehnt, wie Zeit für ihre Erledigung zur Verfügung steht. Und nicht etwa, wie viel Zeit man tatsächlich dafür bräuchte. Deshalb sollte der Moderator immer eine Deadline setzen – nicht nur für die gesamte Konferenz, sondern auch für die einzelnen Besprechungsphasen und für Diskussionen der jeweiligen Einzelaspekte. Timeboxing hilft! Und für diese Methode gibt es mittlerweile viele, viele Apps.

Zudem ist es hilfreich, schon einmal vom sog. Edwards-Gesetz gehört zu haben. Es besagt, dass der Aufwand, den man in eine Sache investiert, umgekehrt proportional zur verbleibenden

Zeit steigt. Oder einfacher ausgedrückt: Je näher die Deadline rückt, desto mehr klotzt man ran. Dieser Druck kann ein nützlicher Helfer für Sie in Online-Meetings sein. So oder so: Je stärker Sie als Moderator Limits setzen und auf deren Einhaltung achten, desto bessere Ergebnisse werden Sie meist erzielen. Und meiner Meinung nach macht Ihnen dies eine kleinteilige Ablaufplanung einfacher, am besten nach der Formel: 7 Minuten bis zur nächsten Aktivierung, maximal 45 Minuten bis zur Pause, alle 20 bis 30 Minuten Zwischenziele (mehr dazu in Kap. »Die Formalien«).

Eine weitere Macht-Frage ist das Beteiligungsmonitoring. Von wem kommen wenig Beiträge, von wem eher viele? Wer ist ergo intensiv oder weniger stark beteiligt? Wer hält sich, auch bei Ihren gezielten Aktivierungen, zurück? Es wird immer, gerade in Routine- und zyklischen Treffen, gute Gründe für Zurückhaltung geben: nicht »mein« Thema, keine Idee oder Meinung zu einem Thema, »Ist doch alles schon gesagt«. Gerade in großen Runden, ab vielleicht zehn und mehr Teilnehmern, kann ja auch nicht jeder laufend beitragen. Wenn Sie aber eine Viertelstunde nichts von einem Teilnehmer hören, lesen, sehen, dann sprechen Sie ihn ruhig an (»Was denkst du darüber, Kevin?«). Oder Sie schreiben ihm eine individuelle Chat-Nachricht?

Ihre Kontroll-Möglichkeiten für das Monitoring sind u. a.:

- Kamera und Augenkontakt
- Körper- und Mimik-Scan

- Beiträge in den Aktivierungen

- Direkte Frage (oder Sie fragen z. B. alle Teilnehmer in alphabetischer Reihenfolge nach deren Meinung, und damit auch die Stillen, irgendwann).

Wenn Sie noch nicht im Monitoring geübt sind, legen Sie sich eine ausgedruckte Teilnehmerliste als Strichliste bereit: Pro Beitrag gibt es einen Strich. Diese Positiv-/Negativliste muss nicht vollständig oder gar akribisch geführt sein. Ein Blick auf die (zu) ruhigen Teilnehmer ist jedoch immer ein Effizienzgewinn. Und zuletzt: Schweigen ist meist nicht unbedingt Zustimmung in diesem Medium. Holen Sie sich die Zustimmung lieber explizit (»Sind wir uns da einig?«)!

> Als Moderator, als Moderatorin haben Sie Macht. Gehen Sie gut mit ihr um, ist das eine wundervolle Sache: Setzen Sie sie zum Wohle der Ergebnisse und Teilnehmenden ein.

Auf einen Blick: Ihr Werkzeugkoffer

- Konzentrieren Sie sich auf das Meeting. Blenden Sie so gut wie möglich andere Dinge aus.

- Genaues Zuhören ist die wichtigste Technologie.

- Alle Funktionen der Besprechungs-Software zu kennen und (richtig) einsetzen zu können, ist eine wichtige handwerkliche Fähigkeit.

- Lassen Sie sich in Ihren Online-Meetings vom ORA-Prinzip leiten: Orientieren – Ritualisieren – Aktivieren.

- Arbeiten Sie bewusst auch mit nonverbalen Signalen.

- Sprache, Stimme und Bilder sind wertvolle Helfer für erfolgreiche Digital-Treffen.

Gut vorbereitet

Einfach loslegen? Keine gute Idee. Online-Meetings brauchen Vorbereitung. Je intensiver sie ist, desto besser läuft es später.

In diesem Kapitel erfahren Sie u. a.,

- warum der richtige Inhalts-Mix entscheidend ist,
- wie Sie Zeit und Ablauf planen,
- was es kurz vor dem Start des Meetings zu beachten gilt,
- welche Meeting- und Feedback-Regeln sinnvoll sind.

Der richtige Mix an Inhalten

In der Regel geht es bei Besprechungen um die folgenden sieben Aspekte – mal spielen mehr, mal weniger davon eine Rolle. Je besser Sie diese aktiv und vor allem vorab geplant in Ihren Meetings ausbalancieren können, desto positiver ist das Erlebnis für die Teilnehmenden.

Die sieben typischen Besprechungsinhalte	
Information	Die Teilnehmenden teilen Fakten oder auch Einschätzungen mit. Sie bringen sich gegenseitig auf aktuellen Stand und verbessern so die Arbeitsfähigkeit.
Inspiration	Lernen und Kompetenzerweiterung sind zentrale menschliche Bedürfnisse (vgl. Ryan/Deci). Eine Anregung, eine neue Idee, eine erweiterte Perspektive, Innovation und ein »persönliches Take-Away« sollten selbstverständliche Bestandteile einer spannenden Digital-Konversation sein.
Bewertung (Assessment)	Die Teilnehmenden kommen zu Schlüssen, zu Bewertungen auf Basis von Daten und Meinungen. Diese sind oft durch Werte geprägt (Sigmund Freud lässt grüßen!). Deswegen und weil die Bewertung aus verschiedenen Perspektiven erfolgt, sind sie oft auch kontrovers. Bitte Vorsicht: Es ist nützlich, im Meeting Bewertung und Entscheidung deutlich voneinander zu trennen. Das reduziert Konflikte und macht für Sie die Gastgeberrolle etwas einfacher.

Die sieben typischen Besprechungsinhalte	
Teaming	Das Team und das Teamverständnis ständig wachsen zu lassen, ist eine wesentliche Aufgabe, um die Arbeitsergebnisse zu verbessern. Wenn Online-Meetings weitgehend Neuland sind, ist das umso wichtiger. Denn auf unbekanntem Terrain sind Schritte immer etwas vorsichtiger, umsichtiger. Teamsicherheit (»Mein Team achtet auf mich!«) ist dann ein umso effektreicherer Besprechungsinhalt.
Spaß	»Lachend lernt man leichter!«, ist eine meiner Maximen in Beratung und Team-Coaching. Spaß macht Spaß. Er ist, wenn er nicht eh da ist, AnLeiter-Aufgabe.
Problemlösung / Verbesserung	Am Ende des Tages treffen sich Menschen in Organisationen, um einen Fortschritt zu erzielen. Dafür gilt es, aus Fakten und Bewertungen heraus zur (Teil-)Lösung von Problemen, deren Ursachen und/oder Verbesserungen zu kommen.
Commitment / Entscheidung(en)	Entscheidungen setzen Energien frei. Ist einmal entschieden, wird die weitere Richtung klar und deutlich. Nun kann Bewegung entstehen. Bis dahin waren vielleicht alle vorsichtig, wollten nicht »falsch laufen«. Da die innere Zustimmung zu einer Lösung/Entscheidung/Kompromiss online immer schwieriger festzustellen ist: Fragen Sie aktiv danach. Räumen Sie immer noch einmal die Chance zur Widerrede ein, zum Vortragen von Bedenken. Das mag mühsam sein. »Heckenschützen«, die dann später scheinbar gemeinsam getroffene Entscheidungen torpedieren, sind es aber umso mehr.

Natürlich geht es immer um einen Mix dieser Elemente. Zum Beispiel wird oft zunächst informiert, dann bewertet und abschließend entschieden. Und was so nüchtern aussieht, hat selbstverständlich einen bedeutenden emotionalen Anteil. Denn eine Entscheidung schafft Klarheit. Auch wenn sich nicht alle als Gewinner fühlen.

BEISPIEL: PRO UND CONTRA

In einem Unternehmen geht es um die finale Entscheidung für oder gegen eine ERP-Software. Soll es SAP oder Navision sein? Jede Lösung hat ihre Fans. Oft werden monatelang Pros und Cons beider Seiten erarbeitet, verglichen und revidiert. Am Ende gibt es aber selten eine hälftige Digitalisierungslösung mit dem Besten beider Anbieter.

Die Formalien: Zeit- und Ablaufplanung

Nicht nur vom Fußball kennen wir die 90 Minuten, auch als Schul-Zeiteinheit sind sie uns vertraut, als Doppelstunde mit zwei Unterrichtseinheiten. 90 Minuten mögen okay sein für analoge Meetings. Für digitale eher nicht. Da halte ich viel von der Hälfte. So ungefähr. 40 bis 50 Minuten mag ein Teilnehmender noch einigermaßen konzentriert sein. So lange mag er noch den Verlockungen von Smartphone und E-Mail-Posteingang widerstehen können. Das 90 Minuten lang zu schaffen, ist hart. Besonders, wenn man nicht die ganze Zeit aktiv ist oder aktiviert wird.

Machen Sie also nach 40 bis 50 Minuten mal ein Päuschen von vielleicht 15 Minuten. Dann geht es wieder mit Power los. Erfahrungsgemäß »rechnet sich das« im Gesamten.

Und wenn wir schon mal bei der Zeitplanung sind: Im Webinar mehr als vier solcher Einheiten zu 40 bis 50 Minuten am Stück vorzusehen, funktioniert nicht! Besser Sie planen die Einheiten so: 8.30 bis 9.15, 9.30 bis 10.15, 10.45 bis 11.30 und zuletzt 11.45 bis 12.30 Uhr. Das reicht nach meiner Erfahrung der vergangenen Jahre aus. Und ist keine »lerntechnische Schattenparkerei für Weicheier«, sondern Power-Learning, weil

- gerade so auch mehr haften bleibt,
- dann Zeit für die Vor-/Nachbereitung zum nächsten Block (in einer Woche?) ist,
- Überfüllung zum Überlaufen führt und nicht zur Verarbeitung. Und auch nicht zum Aneignen.

Eine weitere gravierende Zeiteinheit sind 7 Minuten. Etwa alle 7 Minuten ist es nützlich und hilfreich, die Teilnehmenden zu aktivieren, sie den zahlreichen Ablenkungs-Verlockungen zu entreißen. Oder dem Koma. Sie zu Rückmeldung, eigener Arbeit und aktiver Beteiligung zu bringen. Mögen es auch mal 8 oder gar 10 Minuten sein – machen wir kein Dogma aus den 7 Minuten.

Wesentlich ist aber die regelmäßige und frequente Ansprache und Mitnahme der Teilnehmenden und die Aktivierung der Schalter »Hirn«, »Herz« und »Hand«. Gilt das auch bei Präsentationen von mehr als einer halben Stunde? Gerade da! Vor allem dort ist der auf sich gestellte Online-Teilnehmer einer Reihe von Ablenkungen ausgesetzt. Und da mag er dann auch mal mit einem Freund chatten oder die Wirtschaftszeitung durchblättern oder in den Sekundenschlaf fallen, weil er in der Nacht davor lange gearbeitet hat.

> Interessante Aufgaben zu stellen oder die Teilnehmenden auf andere Art und Weise zu aktivieren, ist die Königsdisziplin für motivierende Gastgeber: »Was denken Sie darüber?«, »Lasst uns eine schnelle Abstimmung mit Emoticons machen!«, »Wer hat schon Erfahrungen damit?«

Die Agenda

Klar wird, beinahe nebenbei, dass 45- bzw. 7-Minuten-Blöcke und die sieben Inhalte (siehe den Abschnitt zuvor) förmlich nach einer Agenda schreien. Nicht im Sinne eines zwanghaften Korsetts. Doch aber als Richtschnur und Orientierung, die ungefähr so aussehen könnte:

Zeit	Aufgabe Thema	Inspiration	Information	Teaming	Verbesserung Problemlösung	Assessment	Spaß	Commitment	Ziele
9:00	Ziele des WS		x					x	... sind verstanden und werden von allen geteilt
9:10	Erwartungen und Wünsche		x	x		x		x	... von allen an Workshop, Moderation und unser Verhalten
9:55	»Little Known Facts«			x			x		Einführung der Übung: »Was niemand von mir weiß«
10:20	Unser Dorf	x				x	x		Darstellung der aktuellen Abteilung als »Abbild« eines Dorfes
11:40	Team-übung			x	x		x		Sensibilisierung für das Zuhören; eigene Erwartungen an-/aussprechen
12:30	Mittagessen								
13:15	Erfolgreiche Teams I	x		x		x			Gemeinsame (Plenum) Definition der Einstellungen (= Werte) und Verhaltensweisen erfolgreicher Teams

Einer unserer Kunden hat jedem Mitarbeiter gestattet, einem Meeting fernzubleiben, wenn nicht 48 Stunden vor dem Gespräch die Agenda da ist. Und von dieser Regel wird rege Gebrauch gemacht. Denn die Arbeitszeit ist bei Wissensarbeitern eine der wichtigsten Wertschöpfungsgrößen.

Und ganz nebenbei ist es auch einfach nur höflich, die »Pre-Reads« zu einer digitalen Konferenz einige Tage zuvor zu verteilen. Es ist nicht wertschätzend, mit »Tischvorlagen« zu kommen, die man den Teilnehmern ohne Vorwarnung serviert.

Die Dramaturgie

Zu guter Letzt sind Sie als Gastgeber auch Dramaturg. Themen in Online-Meetings und -Trainings haben unterschiedliche Relevanz und Brisanz. Setzen Sie Spannungsbögen:

- Bauen Sie die Spannung langsam auf, hin zu einem fulminanten Finale.
- Bringen Sie die »knackigen«, die problematischen Themen gleich zu Beginn (»Damit sie weg sind!«).
- Mischen Sie anstrengende und weniger anstrengende Themen durch.

Wenn Ihnen nichts zur Dramaturgie einfällt: Fragen Sie die Teilnehmenden. Lassen Sie sie gleich zu Beginn ihr individuelles Wunsch-Ranking in eine Excel-Tabelle eintragen. Lassen Sie Excel die Reihenfolge rechnen und arbeiten Sie die Themen ab

(Merken Sie's? Backlog!). Der Nebeneffekt: Die eigene Mitwirkung aktiviert Ihre Gäste.

> Sie sind der Gastgeber. Sie entscheiden über das Prozedere. Lassen Sie keine ausufernden Verfahrens- und Methodendiskussion zu. Das bringt nur selten Einigkeit und kostet oft viel Zeit.

Die Einladung

Die meisten Anbieter und Applikationen ermöglichen eine Einladung intuitiv bzw. mit ganz normalem, weit verbreitetem Digitalwissen. Es funktioniert (fast) genauso, wie Sie auch sonst zu Präsenz-Meetings online einladen. Die Teilnehmer erhalten die notwendigen Einwahldaten mehr oder weniger automatisiert, wenn sie auf der Einladungsliste sind.

Eine Besonderheit gibt es, die aber eher nicht-technischer Art ist: Wenn Sie z. B. um 10 Uhr beginnen wollen, laden Sie für 9.50 Uhr ein. Zumindest, bis über einige Wochen und Monate alle Eingeladenen selbstverständlich genug mit der Einwahltechnik und der Öffnung von Kamera und Audio vertraut sind und, wo notwendig, »die Software auf dem Rechner haben«.

Kurz vor dem Start

Sie sind an der Startlinie, kurz vor dem ersten eigenen interaktiven Online-Event!

Ein paar Tage zuvor

Ermitteln Sie vor dem Meeting diejenigen Teilnehmenden, die noch nie zuvor an einem Online-Meeting teilgenommen haben. Anfänger können oft einfache Funktionen (Chat oder Whiteboard) nicht bedienen, haben unter Umständen Mikro- oder Video-Probleme. Es macht Sinn, zwei Tage zuvor kurz abzufragen, wer noch wenig Erfahrungen hat. Trainieren Sie diese Teilnehmer am besten am Vortag in einer gesonderten kurzen Online-Probe. Um allen kurz Wesentliches zu erklären, genügen in der Regel 15, vielleicht 20 Minuten.

Ein paar Stunden zuvor

Sie wissen nun schon: Der Start hinterlässt bleibenden Eindruck. Und er wirkt nach. Ein gelungener, ein fröhlicher, ein dynamischer Beginn ist daher ein wichtiger Teil des Erfolgs. Überlegen Sie sich, wenn Sie noch Muße haben vor Ihrem Online-Meeting, »was Prickelndes« für die Zeit, in der die Teilnehmer »hereintröpfeln«. Vielleicht bietet sich ein kleiner Film aus dem Web oder eine Melodie an (»Gonna fly now« von Rocky oder »Bestes Leben« von Silbermond oder »Auf uns« von Andreas Bourani)?

Und natürlich gilt gleiches auch für Ihre ersten drei Minuten. Vielleicht das Meeting-Ziel als Rap? Oder Sie beschreiben schon mal das imaginierte Meeting-Feedback, das Sie sich wünschen würden, wenn die Teilnehmenden sich in einer Stunde (bzw. 50 Minuten!) voneinander verabschieden.

Wenige Minuten vor dem Start

Mit der folgenden Checkliste kann (fast) nichts mehr schiefgehen.

Checkliste für die letzten Vorbereitungen wenige Minuten, ehe es losgeht	✓
Sie haben die Einwahldaten bereit.	
An Ihrer Tür warnt ein Schild Besucher: »Bitte nicht stören: Meeting!«	
Sie sind einige Minuten vor dem Meeting-Start im virtuellen Meeting-Raum.	
Wenn Sie eine Co-Moderation haben: Ihre Rollen und Aufgaben sind vereinbart (»Wer macht was im Meeting?«).	
Für alle Fälle legen Sie die Koordinaten des technischen Supports bereit.	
Alle Dateien, die Sie benötigen, sind vorbereitet, hochgeladen und geöffnet (Agenda, Teilnehmerliste, Protokoll des letzten Meetings, Präsentationen, Umfragen, Whiteboards, ggf. eine Seite mit Regeln für das Meeting usw.).	
Alle anderen Fenster sind geschlossen (nicht nur, aber auch Dating-Portale ...).	
Sie haben, falls erforderlich, Gruppenräume eingerichtet.	
Ihr Video ist eingeschaltet (Sie können sich selber sehen). • Ihre Ausleuchtung ist okay (Das Licht kommt von vorne!). • Der Bildausschnitt ist okay (Sie sind gut erkennbar, hinter Ihnen gibt es nichts Irritierendes).	
Ihr Mikro funktioniert (Oft gibt es dazu im Programm Tests oder Sie sprechen einfach mal ins Mikro).	
Ihr Lautsprecher funktioniert (am besten via Headset, kabellos: Das hat allerlei Vorteile, siehe Kap. »Sprache und Stimme bewusst einsetzen«).	

Checkliste für die letzten Vorbereitungen wenige Minuten, ehe es losgeht	✓
Das richtige Bildschirm-Layout für den Start ist gewählt (Wie wollen Sie am Anfang die Teilnehmer sehen? Was sollen diese sehen? Ein Video? Oder die Agenda? Die Ziele?).	
Ihr Smartphone und Festnetz-Telefon sind stumm geschaltet.	
Eine Uhr ist in Ihrem Blickfeld.	
Papier und Stift liegen für Notizen bereit.	
Entsorgung: Sie waren auf der Toilette, und das reicht auch für 45 Minuten.	
Auch für die Versorgung ist gesorgt: An Ihrem Platz steht Wasser bereit.	
Sind Sie entspannt und lächeln, wenn sich die erste Teilnehmerin zuschaltet (Kommt erst der Ton, dann das Bild?).	
Prüfen Sie laufend, wer schon da ist und wer noch fehlt und begrüßen Sie die Ankommenden – am besten so, als stünden Sie im Flur bei einer beginnenden Feier!	
Stellen Sie die Teilnehmerliste aktiv an den Bildschirmrand oder platzieren Sie sie unterhalb der Videos. Stellen Sie sicher, dass Namen und nicht nur Telefonnummern oder hieroglyphische Kürzel eingeblendet sind – so ist besser erkennbar, wer genau da gerade spricht.	
Sind alle da? Starten Sie fröhlich und heißen Sie noch einmal alle Teilnehmenden (von Herzen?) willkommen.	

Meeting-Regeln

Erlauben Sie mir, ehe wir uns über »gute« Regeln für Online-Meetings und Webinare Gedanken machen, die folgende Prämisse aufzustellen: Wenn Sie nicht bereit sind, eine Regel durchzusetzen, stellen Sie sie nicht auf!

Vielleicht haben auch Sie schon einmal »Phrasenschweine« oder »Verspätungskassen« in der Firma gehabt? Oder Meeting-Regeln, die an der Wand hängen? Oftmals fristen die eine einsame Existenz, unbeachtet. Irgendwie scheint sich niemand so richtig für sie zu interessieren. Nach einer initialen Phase von einigen Wochen sinkt die gegenseitige Erinnerung daran, bis die Regeln letztendlich vollends ignoriert werden.

Ehe Sie Regeln für Ihre Digital-Chats einführen, überlegen Sie: Gehen Sie für jede einzelne davon auch in die Auseinandersetzung, sie durchzuhalten? Sonst kürzen Sie lieber die Liste!

Regel-Ideen

Es bietet sich an, Aufgaben und Verhaltensweisen in Regeln zu fassen. Grundsätzlich gelten viele Regeln analoger Sitzungen auch für digitale Treffen. Allerdings gibt es – natürlich – auch Ausnahmen.

Aufgaben

- Für das Timekeeping ist in erster Linie der Moderator verantwortlich. Er kann die Aufgabe aber auch an Teilnehmer übertragen. Meist ist es ratsam, strikt auf dem Zeitplan zu bestehen: Ist die Zeit überschritten, können bzw. müssen die restlichen Punkte konsequent auf einen neuen Termin verlagert werden.

- Eng verwandt mit dem Timekeeping ist die Befolgung der Agenda. Steht etwas nicht auf der Agenda, ist dieser Punkt in der Regel zurückzustellen und nur innerhalb desselben Meetings wieder aufzugreifen, wenn der angegebene Zeitraum dies noch zulässt. Ansonsten muss ein anderer Termin dafür gefunden werden.

- Es gibt sicher vielfältige Arten, Besprechungen zu dokumentieren (Verlaufsprotokolle, Aktionslisten, Entscheidungen usw.). Sie können folgende Punkte dazu regeln: Wie genau wird dokumentiert? Und wer macht es dann entsprechend in Ihrem Web-Meeting?

> Die konventionelle Form der Agenda ist vermutlich nur begrenzt tauglich. Probieren Sie es einmal im Backlog-Format (Reihenfolge nach Wichtigkeit, Unwichtiges wird nur bearbeitet, wenn Zeit dazu ist) oder priorisieren Sie in Muss- und Kann-Punkte. Eventuell bereits vor der Digital-Konferenz mit allen Teilnehmenden per Mentimeter & Co.

- Die Antwort auf die Frage, wer ein Meeting leitet und moderiert, scheint immer am klarsten zu sein: natürlich der Gastgeber! Doch diese Überzeugung ist eine wenig reflektierte Übernahme aus dem Reich des »Haben wir immer schon so gemacht!« – und damit nur ein Schein-Muss. Lassen Sie andere ran, die das auch können. Oder lernen sollen. Oder thematisch-inhaltlich »näher dran« sind. Oder. Oder. Oder.

Verhaltensweisen

Generell gelten sicher allgemeine Regeln des Respektes untereinander, wie z. B. das Gebot, andere ausreden zu lassen. Besonders im Rahmen eines virtuellen Meetings können wilde und unstrukturierte Diskussionen sonst auch zu einer schlechten Stimmung führen.

Es gibt aber auch weitere spezielle Don`ts, die der besonderen Situation bei Online-Meetings geschuldet sind. Kaugummikauen oder Essen wird über Mikrofone vielleicht übermäßig dominant übertragen und es sieht nicht jeder gern – also besser nicht! Ob Ihr Schreibtisch aufgeräumt ist, wenn er im Video zu sehen ist? »Up to Local Management«, würde ich persönlich sagen. Man muss sich auch nicht über-regeln.

Meeting-Regeln (Beispiel)	
Regeln zu unseren Daily Stand-ups	**Verwendete Tools**
Time Box: max. 15 Min.	Kanban-Board • Analog per Whiteboard • Digitale Web-Lösung (Trello)
Selber Ort – selbe Uhrzeit	Videokonferenz-System (appear.in)
Fokus auf drei Fragen: • Was habe ich gestern gemacht? • Was mache ich heute? • Gibt es Hindernisse?	Laptop mit integrierter Webcam
Tiefergehende Diskussionen und Themen erst **nach** dem Daily Stand-up behandeln	
Teamcaptain achtet auf Einhaltung der Regeln und pflegt das Kanban-Board	

Im Gegensatz zu einem Face-to-Face-Treff können Sie es den Teilnehmern in einem virtuellen Meeting meist nicht direkt ansehen, ob sie ihre Mails checken oder ob sie noch fokussiert bei der Sache sind. An ihrer weiteren Teilnahme und der daraus resultierenden Effizienz merkt man es aber meist dennoch. Wenn alle ihre Konzentration allein auf die Besprechung richten, wird die Produktivität immens gesteigert. Eine Regel dazu schadet sicherlich nicht.

Um die Konzentration zu unterstützen, kann es z. B. helfen zu stehen.

Regeln speziell für die Digital-Kommunikation

Die folgende Aufzählung ist nicht vollständig, nur eine kleine Anregung:

- Was tun wir, wenn bei einzelnen, mehreren oder allen Teilnehmern technische Probleme auftreten (stoppen oder fortführen)?

- Sind alle mit einer Aufzeichnung des Meetings einverstanden?

- Wer sichert die Ergebnisse von Abstimmungen und Whiteboard-Sessions?

- Bei einer Whiteboard-Session ist der Urheber eines Textes nicht erkennbar, wenn er den Namen nicht dazu schreibt – wollen wir das so?

- »Melden« sich alle Beitragenden zunächst mit ihrem Namen (damit klar ist, wer da spricht bzw. sprechen will)?

Bei allen Aufgaben, Verhaltensweisen und Regeln beachten Sie bitte: Es macht einen großen Unterschied, ob Sie ein Präsenzmeeting leiten, ein »reines« E-Meeting (in dem jeder für sich allein an seinem Rechner sitzt) oder hybride Treffen, also Mischformen.

Sagen Sie es positiv

Regeln haben immer etwas Muffiges, etwas Spielverderberisches – denken wir nur an Hausordnungen oder an die Straßenverkehrsordnung. Sie legen fest, was nicht erlaubt ist. Aus der Hirn- und Motivationsforschung wissen wir jedoch, dass das menschliche Gehirn mit »Nicht«-Botschaften nur wenig anfangen kann. Sie haben das noch nie gehört? Dann denken Sie bitte 15 Sekunden *nicht* an einen karierten Elefanten. Kehren Sie sie deswegen einfach um, Ihre Nicht-Regelliste. Vereinbaren Sie alles positiv und funktionierend. Streichen Sie die Verbote und die »Nicht«. Also: »Jeder führt seine Beiträge ungestört bis zum Ende fort«, statt: »Wir fallen uns nicht ins Wort«.

Zu guter Letzt: Wie wollen Sie es mit dem Umgang mit Fehlern, Konflikten und nicht erreichten Zielen in Ihren nicht-analogen Gremien halten? Persönlich halte ich viel vom »Gescheiter scheitern!« – dem offenen und fehlerfreudigen Umgang mit Pleiten, Pech und Pannen. Wir lernen durch Fehler. Und das in viel größerem Umfang als durch alles Vor-Denken und graue Theorien. Sie stimmen mir zu? Dann probieren Sie es doch mal mit der Regel: »Wir irren uns mit Spaß und Vergnügen voran!«

Feedback-Methoden

Wir stehen am fulminanten Anfang der Online-Meeting-Kultur. Wir alle sind Lernende. Feedback ist daher eine notwendige, selbstverständliche und hilfreiche Information – sowohl für Moderatoren als auch für alle Teilnehmenden. Denn kein Lernmodell kommt ohne diese Bewertungen aus. Besonders nicht die experimentellen wie das »Learning on the Job«.

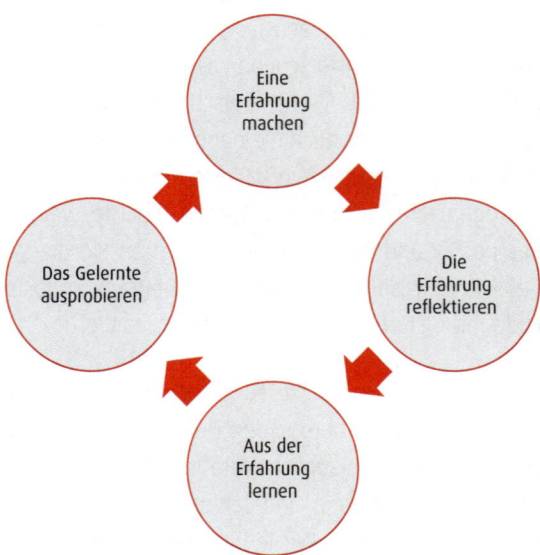

Experimentelle Lerntheorie nach David Kolb

Feedback, Lern-Schleifen, Lessons Learned, KVP, Lean-Events, Retrospektiven, Reviews und besonders das agile Kanban: Sie alle sind wichtige Verbesserungsimpulse für Webinare und

Online-Events. Gerade eben, weil alle Beteiligten früh im evolutionären Lernzyklus stehen.

Vermutlich sind sie nicht nur wichtig, sondern es ist auch gut, wenn sie häufig(er) stattfinden. Vor allem in der frühen Phase braucht es viele Impulse zur noch besseren Ausführung, denn dann befinden wir uns in einer steilen Lernkurve.

Es macht also durchaus auch Sinn, für jede 45-Minuten-Einheit eine kurze Feedback-Session einzuplanen. Und vermutlich auch noch welche dazwischen. Mindestens im Sinne der Aktivierung der Teilnehmer.

> Kurzzyklisches, regelmäßiges Hinterfragen und Lernen sind die Schlüssel zu erfolgreichen Online-Meetings.

Die Ebenen von Feedback

Feedback ist besonders sinnvoll, wenn es mehrere Ebenen miteinbezieht:

- Wie arbeiten wir als Team zusammen, wie ist unsere Kooperation oder Kollaboration?
- Wie kommen wir im Hinblick auf unsere Ziele voran, also in der Sache?
- Wie ist die Leitung der Besprechung, z. B. im Hinblick auf das Zeitmanagement?
- Wie beherrschen wir Technik, Methoden und Werkzeuge?
- Haben wir Spaß zusammen?

Schnelles Feedback

Feedback muss nicht immer langwierig und vollständig sein. Nicht jeder muss einen Beitrag dazu liefern. Wenn mal eine einzelne Phase von z. B. 10 oder 20 Minuten reflektiert wird, dann dürfen Sie auch gerne nur die ersten drei Teilnehmer einladen, das kurz zu bewerten: »Die ersten drei Meldungen sammeln wir und fragen nicht alle!« Wahlweise können Sie dazu den Chat benutzen. Fragen Sie z. B. das Feedback über die dort platzierten Emoticons ab.

Oder Sie lassen die Kollegen durch das Hochhalten der Hand mit ihren Fingern abstimmen: Fünf Finger stehen für eine tolle Besprechung, einer für eine katastrophale.

Mit dem Whiteboard können Sie Skalierungen vorbereiten. Jeder Teilnehmer setzt eine Markierung auf der Skala, die von 1 bis 10 reicht oder das Schulnoten-System von 1 bis 6 vorsieht.

Feedback für das Feedback

Wie wäre es, mal Feedback für das Feedback einzuholen? Das ist weniger skurril, als es im ersten Moment erscheinen mag. Offenheit und Vertrauen sind wesentliche Elemente für die Team- und Kollegen-Entwicklung. Um offen und ehrlich zu sein, braucht es eine stabile, erfahrene und auch krisenerprobte (Team-)Beziehung. Denn Feedback kann ja auch ein wenig schmerzhaft sein, wie vielleicht alle aus eigener Erfahrung wissen.

Es ist also wertsteigernd, das Feedback zu feedbacken:

- Konnte der Feedback-Nehmer (wirklich) etwas lernen, aus dem, was er hörte?

- Sind oder waren die Art und Weise des Feedbacks klar und der Gegenstand der Verbesserung eindeutig erkennbar?

- Welche der oben erwähnten Ebenen sind Gegenstand des Feedbacks, welche nicht? Falls eine fehlt: Warum lassen wir genau diese Reflexion aus?

- Ist der Ton des Feedbacks geeignet, es zu akzeptieren?

Das Protokoll

Das Protokoll kommt für viele immer erst hinterher, dann wenn das Meeting beendet ist. Das kann man machen. Muss man aber nicht. Und eigentlich sollte man es wohl auch nicht.

Das Agilitäts-Prinzip »Transparenz« schafft Tempo und Einverständnis. Wo es umfangreiche »Einspruchsverteiler« vor der Freigabe eines Protokolls gibt, bin ich persönlich nicht mehr »zu Hause«. Und Berichte oder Protokolle Tage oder Wochen später zu erstellen, ist auch nicht mein liebstes Hobby.

Geht es um Protokolle, braucht es schnelle Antworten auf die Fragen:

- Wer schreibt es?

- Wann wird es erstellt?

- Wie sieht es aus?

- Wo liegt es?

Und zwar bereits im Vorfeld des Meetings.

Im Vorteil sind hier natürlich nun alle, die Webinar-Umgebung und Protokoll bereits in einem integrierten System haben. Beispiele dafür sind Microsoft Teams, Slack oder Hipchat und sicher auch Projektmanagement-Suiten. JIRA (»Agile Minutes«) und viele andere mehr könn(t)en genutzt werden.

Wer schreibt's denn nun? Und wann?

Am besten ist es vielleicht immer noch, die »Minutes« während des Meetings zu erstellen. Die Moderation darf sich von dieser Aufgabe entlasten, ein anderer Teilnehmer schreibt, zum Ende jedes Tagesordnungspunkts schauen alle zusammen auf die Mitschrift – und fertig ist's.

Elegant ist auch, die Entscheidungen und resultierenden Aufgaben gleich in die Agenda selber einzutragen. Dazu kann man einfach rechts noch zwei oder drei Spalten einfügen: »Was?«, »Wer?« und »Wann?«. So sichern Sie, dass die Agenda laufend auf dem Bildschirm ist. Zusätzliche Orientierung!

Schick ist auch eine integrierte Aufgabenverwaltung (Delegation und Tracking von Aufgaben) oder die Möglichkeit, dass alle gleichzeitig am Protokoll arbeiten. Als Beispiel sei hier Dropbox

Paper genannt. Andere Möglichkeiten sind minutes.io, 4Minitz, der webbasierte Sitzungsdienst (ermöglicht Zugriff für jeden, jederzeit von überall), minute, Meetin.gs, AgreeDo und viele andere mehr.

Wer es mag, kann seine Protokolle auch diktieren, z. B. mit Dragon, Voice Pro, Sonic Labs, BigHand. Oder, erneut parallel zum Meeting, in Trello und ähnlichen Tools dokumentieren.

Wo liegt es?

Das Protokoll liegt dort, wo es immer liegt. In den bekannten Cloudstrukturen, Ablagesystemen, Suiten, wie oben benannt, oder per Fileshare via Dropbox, WeTransfer, Sharepoint. Egal. Hauptsache, alle wissen das.

> Die Digitalisierung rennt voran. Die Software- und Dienste-Integration macht es Ihnen leichter zu folgen!

Auf einen Blick: Gut vorbereitet

- Es gibt sieben Dinge, die in einem (Online-)Meeting immer geschehen und aktiv gesteuert und ausbalanciert werden können.
- Planen und handeln Sie in 45-Minuten-Schritten und aktivieren Sie die Teilnehmer ca. alle 7 Minuten.
- Regeln helfen allen, wenn sie nicht in Stress ausarten.
- Fehlerfreude ist eine nützliche Grundhaltung im virtuellen Lernen.
- Häufiges und offenes Feedback ist der Schlüssel zu erfolgreichen Online-Meetings.

Das ORA-Prinzip: anleiten, mitreißen, energetisieren

Online-Meetings, die in Erinnerung bleiben, die motivieren, die Gutes ins Rollen bringen, von denen alle profitieren. Nur ein Wunschtraum? Nicht, wenn man drei Prinzipien beachtet. Oben haben Sie sie bereits kennengelernt, hier betrachten wir sie im Detail:

- Orientieren
- Ritualisieren
- Aktivieren

Orientieren

Menschen schweifen gedanklich ab. Das ist völlig normal und in Ordnung. Spätestens wenn Sie diesen TaschenGuide einen Moment zur Seite legen, dann werden auch Sie vermutlich »abdriften«. Irgendwohin.

In digitalen Meetings gilt es, das zu reduzieren, die Aufmerksamkeit der Teilnehmenden zu binden, zu fesseln, in hilfreiche Richtungen zu bewegen. Damit alle an Bord sind, beteiligt, und so das Treffen für alle ein produktives Erlebnis wird – mit dem Gefühl, die Zeit gut genutzt und Fortschritte erzielt zu haben.

Machen Sie also den Teilnehmenden das Beteiligtsein, die Konzentration möglichst leicht. Setzen Sie sich das Ziel, Orientierung zu vermitteln, und zwar in so vielen Gesprächsphasen wie möglich:

- Wo sind wir jetzt gerade, in unserer Meeting-Tour?

- Was kommt jetzt?

- Und wann ist das »fertig«?

- Was war gut, was weniger?

Orientierung schafft Erfolgserlebnisse. Einen Agenda-Punkt zeitlich und inhaltlich wie geplant abzuarbeiten, signalisiert dem Team: »Wir können das und schätzen uns richtig ein.« Sehr agil!

Vermitteln Sie, Zug um Zug, die Zuversicht, gut unterwegs zu sein. Bringen Sie sich als Erfolgsvermittler ein. Und lassen Sie Ihr Team gewinnen.

Orientieren ist eine Einladung zum jeweils nächsten Schritt. Im Besonderen gelingt es mit der Agenda und auch mithilfe von Zweck, Zielen und Scope (siehe hierzu das Kap. »Ins Ziel zielen ... und treffen«).

Anleiten und Führen

Orientieren ist auch Anleiten. Denn wenn klar ist, um was es nun geht, ist genauso klar, um was es nicht geht. Wenn klar ist, wie es geht, ist ebenso klar, wie es nicht funktioniert. »Kommen wir nun im Verlauf der nächsten fünf Minuten zur Abstimmung. Wir machen das am besten mit einfacher Mehrheit, indem jeder von uns seinen Namen auf dem Whiteboard in die Spalte »Dafür«, »Dagegen« oder »Enthaltung« schreibt. Haben wir keine einfache Mehrheit, bitten wir nur die sich Enthaltenden um erneute Diskussion und eventuell eine neue Abstimmung. Einverstanden?«

> Geklärte Zeitdauer, geklärtes Ziel, geklärter Prozess. Wenn Sie klar sind, ist es oft auch Ihre Konferenz und Ihr Webinar.

Wer fragt, der führt. Und wer suggestiv oder alternativ fragt, der führt richtig – vor allem dann, wenn sich die Teilnehmenden partout nicht an die Agenda halten.

BEISPIEL: FÜHREN MIT FRAGEN

Suggestivfrage: »Was haltet ihr davon: Wir nehmen uns noch zehn Minuten und entscheiden es aber dann?«

Alternativfrage: »Wollen wir die zehn Minuten noch auf diese Diskussion verwenden oder doch auf das bisher geplante Thema?«

Menschen erwarten auch Führung, Richtung, Fortschritt. Mit diesen beiden Frageformen, die teils zu Unrecht im Misskredit stehen, treiben Sie das Team an, orientieren Sie das Team hin zu Ergebnissen.

Die nächsten Minuten klären

Eine Agenda bietet Orientierung, klar. Aber es bleibt uns nichts anderes, als zu respektieren, dass einige oder viele Teilnehmende die Gesamt-Agenda 10 oder 20 Minuten nach dem ersten Draufsehen vergessen haben.

Es ist daher hilfreich, Abschnitte daraus, Ziele und Ziel-Bilder(!) regelmäßig und immer wieder während der Besprechung zu zeigen. Teilen Sie das Treffen, die Konferenz. Und teilen Sie das auch in jedem (Zwischen-)Schritt mit. Eventuell hört sich das seltsam umständlich für Sie an. Aber wir verlieren die Orientierung ohne diese regelmäßige Markierung. Und das im E-Meeting schneller als im persönlichen.

Ein Praxisbeispiel aus der analogen Welt: Finden Wettbewerbe im Radfahren, Schwimmen, Laufen oder gleich im Triathlon über mehrere »Runden« oder Wiederholungen (auf der Straße, im Schwimmbecken, in der Stadt oder auf der Bahn) statt, haben Athleten entweder Zählhilfen oder die Veranstalter haben Helfer, die prüfen, ob wirklich alle über die komplette Strecke gegangen sind. Nicht weil die Athleten pfuschen. Geht aber ein Halbmarathon über fünf gleiche Runden, kann man schon mal durcheinanderkommen.

Meetings sind da vergleichbar, denke ich. Sie sind manchmal langweilig, wiederholend, spät am Tage mit den USA oder frühmorgens mit Asien ... da kann man schon mal durcheinanderkommen.

Delegieren

Es gibt noch eine weitere gute Orientierungshilfe in Online-Meetings: die Delegation.

So kann der eine das Remote-Workshop-Programm präsentieren und dessen Diskussion leiten und dann an eine weitere übergeben, die Referentin für ein bestimmtes Thema ist, um dann überzuleiten zum Moderator der Runde. Auch in unseren Lean-Six-Sigma-Trainings machen wir es so: Wir vermitteln den Verbesserungsprojektleitern, dass sie nicht in allen Projektphasen (genannt DMAIC) gleich gut sein können. Oder gar immer die besten in jeder Phase. Die Delegation der Leitung einer Phase an eine (noch) geeignetere Kollegin hilft allen und in der digitalen Tagung vor allem für das »Refreshment«: eine andere

Stimme, ein anderer Typ, jemand, der vielleicht sogar noch besser mit dem Thema identifiziert ist?

> Hören Sie auf, alles (alleine) machen zu wollen.

Visuelle Akzente

Ebenfalls wichtig für die Orientierung: Früher hieß es: »Wer fragt, führt«. Bei uns heute heißt es: »Wer zeigt, führt!« Verbal und optisch.

Gleich einem Laserpointer können und müssen Sie visuelle Akzente setzen, wenn Sie Files zeigen. Gehe ich z.B. bei der Erklärung des Programms von einem Agenda-Punkt zum anderen, kann ich das mit dem Mauszeiger oder einem dicken Pfeil unterstützen. Und so die Teilnehmer noch besser unterstützen.

Fast unverzichtbar: Video

Die Hälfte bis zu vier Fünftel aller Videokonferenzen, zu denen ich in Beratungsprojekten eingeladen wurde, fand ohne Bildübertragung statt. Sie sind dann nichts anderes als eine »Telefonkonferenz mit Standbildern«. Im besseren Falle sind noch von einigen Teilnehmern Fotos zu sehen, oft gibt es nicht mal die, sondern irgendwelche Icons, stilisierte Konturen oder zwei Buchstaben. Grauenhaft.

Versuchen Sie einen Moment an das Bild in Ihrem Wohnzimmer zu denken und beschreiben Sie es detailliert. Sie kommen

»nicht so richtig genau« in die Beschreibung? Das zu »Stand-bildern«.

Bewegte Bilder sind wichtig! Video ist zentral! Video

- schafft Lebendigkeit.
- verbessert das Behalten.
- schafft eine Bühne: Der aktuell Sprechende kann im großen Bild gezeigt werden.
- schafft visuelle Orientierung, wenn gerade nichts präsentiert, sondern »nur« diskutiert wird.
- schafft mehr Nähe.

Und: Video schafft auch soziale Kontrolle. Ob jemand auf den Bildschirm sieht oder seine Augen und damit die Gedanken abschweifen oder seine Hände auf der Tastatur arbeiten, ohne dass es dazu eine Aufforderung des Moderators gab – all dies lässt sich sehen. Soziale Kontrolle ist etwas, das in Präsenz-Meetings selbstverständlich ist, unausgesprochen. Man unterscheidet hier

- innere Kontrolle (Verinnerlichung von sozialen Normen, insbesondere durch Sozialisation) und
- äußere Kontrolle (Sanktionen der »anderen«).

Habe ich Teilnehmer mit ausgeprägter innerer Kontrolle, ist mein Leben als Gastgeber etwas einfacher. Ebenso ist es, wenn ich eine Co-Moderatorin oder andere Teilnehmer mit ausgeprägter äußerer Kontrolle habe.

Gibt es z. B. keine Videobilder, ist es kaum möglich, frühzeitig festzustellen, ob ich äußere Kontrolle ausüben sollte. Und genau um diese Frühzeitigkeit geht es. Ist ein Teilnehmer still und scheinbar woanders, kann das ja völlig in Ordnung sein. Ansonsten hole ich ihn mit einer Frage zurück oder ich schicke ihm eine Chat-Nachricht, ob alles okay ist oder er sich langweilt.

Nicht nur zur Aufmerksamkeitskontrolle können Sie die Video-Funktion einsetzen. Sie erhalten damit auch wertvolle Hinweise darüber, »woher« eine Antwort kommt. Stellen Sie eine Frage und Ihr Gegenüber sieht nach (oben) rechts, sucht er die Antwort in der Regel in seiner Erinnerung. Sieht er nach links oben, ist er in der Konstruktion. Er »erschafft« für sich also gerade eine Antwort. So können Sie erkennen, ob jemand mitdenkt oder bereits die Antwort weiß. Aber eben nur, wenn die Kamera an ist.

Ebenso kann man Gefühle im Gesicht lesen (Wie das genau funktioniert? Lesen Sie das Buch von Paul Ekman, vgl. Literatur). Ist das Video, sind die Bilder groß genug (was schwer ist bei Webinaren mit 50 und mehr Teilnehmenden) und haben Sie die Energie dafür, können Sie auf einen Blick die Stimmung der Teilnehmenden erfassen.

Wegen alldem finde ich es hilfreich, keine, wenige oder nicht zu viele Teilnehmer als »rein-auditive« teilnehmen zu lassen.

Die Übertragungsraten haben sich deutlich verbessert, das technische Argument gilt zunehmend weniger. Einen Versuch, die Kamera für jeden zuzuschalten, ist es immer wert. Und: Wer vorträgt, sollte IMMER »im Bild« zu sehen sein. Ausnahmslos.

Es lohnt sich also durchaus, in der frühen Orientierung am Start der Sitzung, sanft aber bestimmt, mit allen Eintreffenden deren eigene Kamera anzustellen: »Scheinbar funktioniert bei Ihnen die Kamera nicht, können wir das kurz gemeinsam testen, bitte?«

Tools und Technik

Zu Beginn des virtuellen Diskutierens ist es, insbesondere für digital Ungeübte, nützlich, eine allererste Werkzeug-Orientierung zu bekommen. In vielleicht 10 bis 20 Minuten ist alles Wesentliche erklärt und erprobt. Vermutlich hilft dabei auch eine schnelle Vereinbarung, auf welchem Kanal was genau mitgeteilt wird (Beispiel: »Wortmeldungen bitte immer im Chat mit dem Icon XY ankündigen«). All diese Dinge können Sie in einer Standard-Einführung klären, die Sie zwei Tage vor dem Termin an die Neuen versenden.

Infomaterial

Wie im Face-to-Face-Meeting auch, sind die To-do-Liste und das Protokoll des letzten Treffens eine Hilfe in der Orientierung, eine Einbettung in den Kontext bei regelmäßigen Konferenzen. Es mag nicht immer angenehm sein, wenn mal etwas »hängt«

und als verspätet geoutet wird. Trotzdem ist es sinnvoll, es zu thematisieren und nachzuhalten. Jedes Sprint-Review überprüft das Inkrement (gegen die Definition of Done). Und das ist gut so! Das gleiche gilt für eventuelle Hausaufgaben.

Auch ein Protokoll, das gleich im Meeting erstellt und auf dem Bildschirm immer wieder gezeigt wird, hilft. Sie haben weniger Nachbereitung. Sie alle haben die Resultate und Vereinbarungen laufend vor Augen.

Mit gutem Beispiel vorangehen

Die Teilnehmenden orientieren sich auch an dem, was Sie vorleben. Lassen Sie sich explizit an Ihren Taten messen! Lassen Sie das Team sehen, wie aktiv und freudig Sie mit den Online-Medien umgehen. Stellen Sie sich als gutes Beispiel aktiv zur Verfügung: »Seht ihr, Abstimmungen kann man hier in Sekunden spielend leicht erstellen. Ich zeig' es euch kurz!«

Die Orientierungs-Checkliste für Videokonferenzen

Mit der folgenden kleinen Checkliste »üblicher« Verhaltensweisen von Teilnehmern in Videokonferenzen können Sie ebenfalls Orientierung schaffen. Entweder, indem Sie die Teilnehmer zuvor darauf hinweisen (z. B. im Rahmen der Einführung in Tools und Technik). Oder Sie legen sie sich für das Meeting bereit. Falls Sie die darin aufgeführten Verhaltensweisen bei Einzelnen feststellen, machen Sie sie dezent (per Chat oder verbal in Form einer Bitte) darauf aufmerksam.

Checkliste: Verhalten bei Videokonferenzen	
Das Medium Videokonferenz ist für so manchen eine komplett neue Kommunikationsform. Beim ersten Mal wirkt das Gespräch daher eventuell etwas unnatürlich. Natürlichkeit in der Kommunikation stellt sich nach mehreren Konferenzen mit zunehmender Routine ein.	
Die Teilnehmer versuchen, besonders deutlich, langsam und laut zu sprechen.	
Weil sie auch ihr eigenes Bild auf dem Bildschirm sehen, beobachten sich die Teilnehmer der Konferenz selbst. Jeder versucht sich dann ganz normal zu benehmen, wodurch eventuell genau das Gegenteil bewirkt wird.	
Die Teilnehmer schauen nicht direkt in die Kamera, sondern auf den eigenen Bildschirm, da dort das Bild des Gesprächspartners angezeigt wird.	
Das lokale Video lenkt die Teilnehmenden vom eigentlichen Gesprächsinhalt ab.	
Das Mikrofon wird zu nah an den Mund gehalten. Das überträgt Geräusche (Atmen etc.) und auch das Gesprochene sehr laut.	
Teilnehmer sitzen zu dicht vor der Kamera. Oder die ist deutlich niedriger als der Kopf.	
Weil Teilnehmer aufgeregt sind, kommen scheinbar »wirre« oder gar keine Beiträge.	

Ritualisieren

Rituale vermitteln Ruhe. Sie schaffen Sicherheit, Klarheit, Verlässlichkeit, Deutlichkeit, Kompetenz, Geborgenheit und Halt. Je mehr Chaos, Krise und Unruhe im (virtuellen) Raum oder in Ihrem gesamten Projekt herrschen, desto wichtiger ist Ritualisierung.

Je geübter Ihr Team in E-Meetings ist, desto weniger Rituale werden Sie benötigen.

Genauso bringt ja eine gewisse Ritualisierung auch der Moderatorin selber Sicherheit: Im Ritual kann sie durchschnaufen, denn sie beherrscht es in- und auswendig. Sie erinnern sich? Unbewusstes Können!

Nehmen die Rituale überhand oder werden sie stereotyp eingesetzt, ohne eine gewisse Änderungsdynamik zuzulassen, wird es aber langweilig (bis hin zum Bore-out).

Sind sie zu gering ausgeprägt oder werden sie »ständig« durchgetauscht, verlieren sie ihren Status als Ritual. Und das ist schade, denn Rituale erhöhen, nachgewiesen, die Gruppenbindung/-zusammengehörigkeit.

Rituale sind zudem ökonomisch, da wir ihre Prozesse im Schlaf beherrschen und nicht jedes Mal darüber nachdenken müssen, wie wir vorgehen. Eine ausgeprägte Ritualisierung, wie sie z.B. im Scrum anzutreffen ist, spart Energie und schafft Zuverlässigkeit.

Rituale als Problemlöser – ein Praxisbeispiel

Rituale helfen bisweilen sogar, Wege aus festgefahrenen Situationen zu finden, wie das folgende reale Beispiel zeigt: In einem sehr zerstrittenen, rein virtuellen Team haben wir einmal durch strikte Ritualisierung die Arbeitsfähigkeit wiederhergestellt. Es ging um die Erarbeitung der Kommunikationsstrategie für ein

EU-gefördertes Projekt. Das Projekt war in der Pionierphase; es gab mehr als ein Dutzend Gesellschafter aus Hochschulen und Industrie. Es waren neun Menschen als deren Vertreter im Kommunikationsteam. Und die kamen aus sieben verschiedenen Staaten. Nach vier Monaten gab es nur noch Streit über alles und jedes, nichts war mehr in einen Konsens überführbar. Doch der Zeitplan drückte. Zunehmend heftig.

Was haben wir getan? Wir schufen Rituale. Hier die vereinfachte Darstellung unserer Vorgehensweise, die schon bald Erfolge zeigte:

- Jeder im Kommunikationsteam bekam eine eigene Aufgabe, für die er ergebnisverantwortlich war.

- Jede dieser Aufgaben hatte im dann wöchentlich immer am Freitag um 12 Uhr stattfindenden Online-Meeting maximal 10 Minuten Raum. Nie mehr.

- Die Inhalte und der Gegenstand dieser Meeting-Sequenzen (Information, Aktion, Entscheidung) wurden bis zu spätestens 36 Stunden vor den Zusammenkünften online in ein Dokument gestellt, und zwar von den Aufgaben-Verantwortlichen.

- Notwendige Entscheidungen fielen von nun an mit einfacher Mehrheit – oder wurden unmittelbar nach drei erfolglosen Abstimmungen an ein bereits arbeitsfähiges Gesellschafter-Gremium gegeben.

- Das Protokoll wurde bereits während der VideoCon erstellt. Zu deren Abschluss folgte die unmittelbare Freigabe der Mitschrift durch alle.

Welche Rituale schaffen Sie? Hier ein paar pragmatische Anregungen für Ihre Live-Online-Meetings:

- Tun Sie, bis alle »da sind«, immer das Gleiche: Spielen Sie einen bestimmten Musiktitel (den vielleicht alle zusammen auswählten). Werfen Sie gemeinsam einen Blick auf die »Good News« im World Wide Web (https://goodnews.eu) oder lösen Sie eine »Black Story« (gibt es als App).

- Starten Sie über einen Countdown: 60 Sekunden vor dem Start zeigen Sie eine laufende Stoppuhr oder einen Film des Times Square an Sylvester um kurz vor Mitternacht.

- Schaffen Sie sich eine Ampel an oder einigen Sie sich auf entsprechende Icons im Chat oder auf Handzeichen, sodass jeder auf Zeitüberschreitungen oder sonstige Regelverstöße hinweisen kann.

- Leiten Sie den nächsten Punkt in der Agenda immer über einen gemeinsamen Blick auf das Online-Protokoll und die Agenda ein.

Nutzen Sie Medien, um Rituale zu schaffen

Der Einsatz von Medien entlastet nicht nur den Moderator, weil er dann Zeit hat, ein wenig durchzuatmen. Medien können auch gezielt für die Ritualisierung genutzt werden:

- Filme können die Pause einläuten. Wenn immer wieder der gleiche Film vor der Pause abgespielt wird, müssen Sie die Pause irgendwann gar nicht mehr mit Worten ankündigen.

- Geräusch- bzw. Bild-Themen-Kopplungen lassen sich auch gut als Rituale einsetzen. So können z. B. anstehende Entscheidungen immer mit einem Schiffshorn (gibt es als mp4 im Netz) oder einem Bild der Justitia angekündigt bzw. eingeleitet werden.

- Senden Sie DIN-A4-Plakate mit Texten oder Bildern zum Ausdrucken an die Teilnehmer, die diese immer dann in die Kamera halten können, wenn sie das richtig finden. Beispiele: »Schneller!«, »Pause«, »Wiederholung«, »Muss ins Protokoll!«, oder auch »Bewegt mich, bitte!«, wenn jemand droht, gedanklich fortzulaufen und sich deshalb Aktivierung wünscht.

- Wenn Ihnen endlos scheinende Debatten »auf den Senkel gehen«, das Team nicht zum Punkt und zur Entscheidung kommt, nutzen Sie Online-Apps, mit denen man eine Münze werfen kann (muenzewerfen.com oder www.zufallsgenerator.net/muenzwurf). Denn oftmals ist irgendeine Entscheidung und im Zweifel die falsche besser als (ewig) keine Entscheidung. Eventuell holen Sie sich zu Beginn des Treffens die Zustimmung dazu: »Haben wir nach 15 Minuten keine Entscheidung, wirft einer von uns die Münze, online, okay?« (Smartphone dabei unter die Dokumentenkamera legen, dann sehen es alle!).

Ritualisieren Sie Medien

Und auch die Medien selbst lassen sich ritualisieren. Relevant kann das vor allem bei Präsentationen sein. Am besten, Sie und Ihre Kollegen einigen sich hier auf die Multimedia-Prinzipien von Professor R. E. Mayer, der Ihnen im Kap. »Die Kraft der Kommunikation nutzen« schon einmal begegnet ist. Denn so lassen sich Präsentationen gezielt als Lerninstrumente nutzen.

Die Multimedia-Prinzipien von R. E. Mayer	
Multimedia-Prinzip	Für den Lernerfolg ist es besser, Text und Bild zu verwenden als nur Text oder nur Bild.
Kontiguitäts-Prinzip	Text und Bild sollten räumlich und zeitlich zusammen präsentiert werden.
Kohärenz- Prinzip	Text und Bild müssen semantisch zusammenhängen; Wörter, Bilder und Töne, die nur der Unterhaltung dienen, sollte man weglassen, weil sie ablenken.
Modalitäts-Prinzip	Mit (bewegten) Bildern sollte man keinen geschriebenen Text kombinieren, sondern nur gesprochene Worte.
Redundanz-Prinzip	Wenn ein Bild mit einem gesprochenen Text präsentiert wird, sollte der Text nicht zusätzlich noch schriftlich dargestellt werden.
Personalisierungsprinzip	Erklärungen sollten in einem persönlichen Stil dargelegt werden.

Rituale im zwischenmenschlichen Umgang

Vermutlich ahnen Sie das schon, nach über 100 gemeinsamen Seiten: Ich bin ein großer Freund der Positiven Psychologie. Und daher ist für mich eines der hilfreichsten Rituale im zwischenmenschlichen Umgang im Allgemeinen und zwischen Videokonferenz-Teilnehmenden und -Gastgebern im Besonderen: Lob.

Loben

Es gibt unzählige Gelegenheiten, die Teilnehmenden zu loben. So beispielsweise, wenn

- die Agenda »klappt«,

- sie gemeinsam einen krachenden Fehler gemacht haben und sich das eingestehen und nach künftiger Verbesserung suchen,

- viele aktiv etwas beitragen,

- Präsentationen Mayer-gerecht sind (siehe dazu den Abschnitt zuvor),

- neue Ideen auftauchen,

- alle pünktlich da sind,

- Sie Spaß hatten, zusammen gelacht haben,

- viele im Vorfeld Beteiligung zeigten,

- jeder noch da ist, bis zu genau diesem Moment,

- es gleich in der ersten Abstimmung zur Entscheidung kommt,

- 90 % und mehr per Video/Kamera dabei sind,

- die »neuen« Zeiten realisiert werden (45-Minuten-Blocks und ausreichend Pausen),

- jemand sehr kritisch nachfragt und der Diskussion so in die Tiefe voran hilft,

- ein Teilnehmer auf die fortschreitende Zeit hinweist.

Loben Sie reichlich. Regelmäßig und immer wieder.

Fragen

Fragen Sie. Nicht nur zur Besprechungssteuerung, sondern auch zur Informationsgewinnung. Ich schätze den Psychologen Jürgen Hargens sehr. Von ihm habe ich die Sätze gewonnen: »Der Kunde ist kundig! Er weiß am besten über sich Bescheid!« Also macht es in großem Maße Sinn, ihn zu befragen. Ihre Kunden sind die Teilnehmenden. Befragen Sie sie also, was sie denken, fühlen, möchten, wie sie werten, was sie erwarten, wie sie handeln würden, was sie befürchten oder hoffen. Annahmen sind der größte Feind des Lernens!

Ritualisieren Sie das Fragen. Lernen Sie von den Teilnehmern. Akzeptieren Sie sie als hoch-kompetente Wesen und KollegInnen.

Zusammenfassen

Ein anderes Ritual ist das regelmäßige Zusammenfassen. Verdichten, zusammenkehren, gemeinsam auf den Punkt bringen – abschließen mit jedem Abschnitt des Meetings. Damit der nächste beginnen kann.

Bewerten Sie sich mit Ihrem Team regelmäßig, prozessual, in der Kooperation, im Fortschritt, suchen Sie nach erfolgten Erfolgen und denkbaren Verbesserungen.

Letzteres lässt sich übrigens auch delegieren. Das müssen Sie nicht immer selber »anleiern« oder »durchziehen«. Wer mag schon ständig Leistungs-Nörgler sein? Was halten Sie von der Wahl eines »Meeting-Geists«, der zum Ende jedes Tagesordnungspunkts erscheint und seine (humorigen) Kommentare zur Verbesserung abgibt? Oder Sie installieren einen »Digital-Konditionstrainer« im Team, der das Energieniveau des Teams auf einer Skala einsortiert und begründet. Oder »Mrs. To-the-Point« fasst das wichtigste der endenden E-Meeting-Phase in je bis zu fünf Worten auf einem Post-it zusammen (oder im Online-Protokoll, auch klasse!) und zeigt das in die Kamera.

Ritualisieren Sie diese Rollen, sind sie für die Teilnehmenden einfacher wahrzunehmen.

Das Wer-bin-ich-Ritual

Lassen Sie jeden Teilnehmer immer den eigenen Namen sagen, wenn er das Wort übernimmt. Es braucht nämlich oft einen kurzen Moment Zeit, bis der Bildschirm (das Videosignal) auf den Sprechenden umschaltet. Oder er schaltet gar nicht um (wenn der Anruf über ein externes Telefon erfolgt). Mit der Namensnennung weiß jeder, wer da gerade spricht. Vor allem bei den nur-auditiven Teilnehmern. Es war schon immer ein Riesen-Vorteil zu wissen, mit wem man es zu tun hat und wer da gerade etwas sagt – bereits seit vielen tausend Jahren rund um das Lagerfeuer und erst recht in Online-Meetings.

Aktivieren

Orientieren und Ritualisieren sind sehr wichtig. Aktivieren ist das wichtigste. Es geht darum, die Teilnehmer von ihrer inneren Couch runter zu holen und sie rein ins Mitdenken und von dort ins Mit-Tun zu bringen. Fordern Sie (auf). Laden Sie jeden ein und holen Sie alle ab. Nehmen Sie mit, wen Sie kriegen können und gerne noch mehr!

Ablenkungen

Aktivierung ist (Ab-)Sichern gegen Ablenkung, das Ringen um Zuwendung. Es ist Einladung und Unterstützung, um bei der Sache zu bleiben. Sind alle bei der Sache, ist das ein effizientes und spannendes Online-Meeting. Das wiederum spart die Zeit aller Beteiligten. Und es macht Spaß. Wenn die Teilnehmer Spaß haben, macht das auch dem Gastgeber Spaß.

Ablenkung lauert überall: Da ist der Blick aus dem Fenster, der Bildschirm, an dem die E-Mails gleich hinter der Prezi-Präsentation lauern, da sind die neuen Nachrichten auf dem Smartphone. Oder der Gedanke an das morgige Jour-fixe mit dem Chef, das noch nicht vorbereitet ist.

Der Aktivierungs-Werkzeugkoffer

Wer seine Teilnehmer ungefähr alle 7 Minuten aktivieren möchte (siehe hierzu auch Kap. »Die Formalien«), der braucht einen Fundus an Möglichkeiten dafür. Manches braucht Vorbereitung. Immer ist es gut, auch spontan auf etwas zurückgreifen zu können, es bei Bedarf parat zu haben.

Hier ein Fundus an Aktivierungsmöglichkeiten:

- Fragen helfen immer. Sie sind viel besser als Annahmen. Fragen Sie nach (guten) Erfahrungen, Positionen, Alternativen, Assoziationen, Risiken, Empfindungen, Bedeutungen, Themen, Rätseln, Lobenswertem oder Witzen und und und.

- Unterbrechen Sie mit einem Quiz, Lern- oder Erinnerungsfragen (»Wie häufig sollten Pausen in Webinaren eingerichtet sein, ungefähr?«) oder bereiten Sie ein Online-Puzzle vor.

- Loben Sie »Preise« aus (Lob ist ja immer gut!).

- Initiieren Sie eine Gruppenarbeit. Wenn Ihr Meeting-Programm die Gruppenarbeit nicht unterstützt, dann richten Sie mehrere kleinere parallele Meetings dafür ein. Auch das geht!

- Wechseln Sie bewusst und regelmäßig die Vortragenden (besonders in Input-/Informations-intensiven Sitzungen). Auch das erhöht die Aufmerksamkeit (und schafft Ihnen Luft als Moderator).

- In der Problemanalyse können Sie die Teilnehmer Analogien bilden lassen (»Dies Problem ist wie … bzw. erinnert mich an …«), zu einem Delphi-Kreis einladen (Jeder bringt seine Lösungsgedanken mit zwei Zeilen z. B. im Chat ein), oder Sie bilden kleinere »Murmelgruppen«, die auch über gesonderte Telefonkonferenzen arbeiten können (Erinnern Sie die Gruppen daran, dass sie mit einer Präsentation zurückkommen!).

- Jederzeit können Sie abstimmen lassen und die Teilnehmenden auffordern, Positionen zu verdeutlichen. Das kann sich auf Inhalte beziehen (»Halten Sie hier Wasserfall, agile oder hybride Methoden für zielführend?«), jedoch auch Situationsbewertungen des Meetings einschließen: »Auf einer Skala von 1 bis 10, wie hoch ist Ihre Aufmerksamkeit?«

Sie können technisch gesehen auf folgende Art und Weise abstimmen lassen:

1. via Video (z. B. »Daumen hoch« – dann sind auch die Kameras an!),
2. über Emoticons oder Text im Chat,
3. über gesonderte eigene Funktionen (die eine Reihe der Programme haben),
4. über Whiteboards (mit Texteingabe oder Markierung/Zeichen/Zeichnen),
5. über PowerPoint, Word oder Ähnliches, wobei dann jeder Teilnehmer auch schreiben können muss (d. h., alle haben unter Umständen die Moderatorenrolle). Oder Sie fragen jeden alternativ einzeln ab und tragen die Rückmeldungen für jeden ein (das geht ja im Live-Training auf einem Flipchart auch, warum nicht virtuell?) Oder Sie befüllen eben real ein Flipchart, vor der zweiten Kamera?

- Entscheiden Sie gemeinsam mit Ihrem Team, das schafft Erfolge und Entspannung. Das geht z. B.

  - per Akklamation (»Hand hoch: Wer ist dafür? Wer ist dagegen? ...«) oder

  - mit der PMI-Matrix, einer einfachen und einsichtsreichen Methodik.

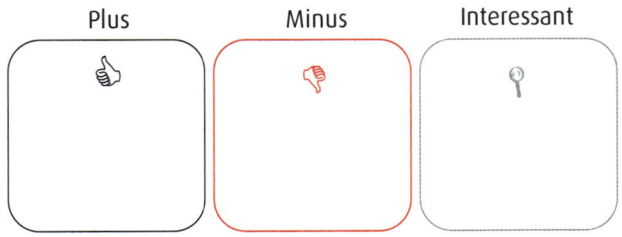

Die PMI-Matrix: Minus – Plus – Interessant

- Lachen und gemeinsamer Spaß unterstützen Webinare und virtuelle Meetings.

  - Stellen Sie absurde Fragen: »Was können wir tun, um diese VideoCon zur langweiligsten des Monats zu machen?« – Aber Achtung: Ironie braucht unter Umständen online eine Erklärung.

  - Arbeiten Sie mit Rätseln oder lassen Sie die Teilnehmer Witze erzählen (http://witze.net/meeting-witze).

- Als »Rollenmodell« strahlen Sie selber viel aus und ab. Sind Sie selber mitreißend und energetisiert, lieben Sie das Thema und die Teilnehmer, finden Sie das nächste Topic (nur) »spannend« oder »fantastisch«?

- Bewegung aktiviert. Wenn Sie im nicht-analogen Setting die Teilnehmer bewegen wollen: Tun Sie es. Viele Akademien haben Bewegungs-Aktivierung in ihre Programme eingebaut, Unternehmen haben Aktiv-Pausen eingeführt. Anregungen finden Sie z. B. hier: www.we-go-wild.com/buerogymnastik-fit-im-buero.

- Auch zur Förderung der Konzentration gibt es eine Reihe guter Übungen jenseits von Kaffee, Cola und Kaugummikauen. Machen Sie beispielsweise gemeinsam Blick- oder Achtsamkeitsübungen.

- Gezielte positive »Emotionalisierung« aktiviert ebenfalls.

  - Fragen Sie das Team, in welchen Situationen es am besten, stärksten ist, womit es sehr gut zurechtkommt.

  - Lassen Sie die Teilnehmer Erfolgsgeschichten erzählen oder erkundigen Sie sich, worauf sie im Privaten besonders stolz sind.

  - Skizzieren Sie Erfolge, bereits Erreichtes auf einem Flipchart oder auf einem Blatt Papier.

  - In Präsenz-Workshops werden Bei-/Vorträge oft beklatscht, in Remote eher selten – das muss so nicht bleiben.

  - »Welche positiven Effekte erwarten Sie davon?«, ist immer eine hilfreiche Frage.

  - Loben Sie, lassen Sie loben – auch das aktiviert ungemein.

- Projektionen, wie sie in mentalen Modellen zur Anwendung kommen, unterstützen den Fortschritt: »Wenn wir schneller fertig wären mit diesem Punkt, wofür würden Sie die Zeit gerne verwenden?«, oder: »Wer von uns strahlt die größte Begeisterung für das Thema/die Entscheidung aus?«, oder: »Wenn wir nicht dauernd diese Zwischenziele hätten, worüber würdet ihr denn sprechen wollen, was steht bei euch aktuell an?«

- Im Zweifel können Sie auch NUR um des Aktivierens willen aktivieren, z. B. mit Rätseln oder Spaß-Filmen (die Suche bei YouTube mit dem Stichwort »Arbeitssicherheit« liefert Lustiges, aber auch Schreckliches).

Hilfreich und nützlich, das habe ich mehrfach mehr als nur angedeutet, ist eine zweite Kamera. Wenn Sie für die jetzt »von der IT« noch einen Dreiachs-Smartphonestick mit Objektverfolgung ergattern, dann folgt Ihnen das Publikum ruckelfrei auf dem Weg zum Flipchart – und das live!

Sehr bewusst habe ich mich hier nur am Rande mit »Methoden« auseinandergesetzt. Via retromat.org oder liberatingstructures. de finden Sie flott und umfassend Anregungen, die nahezu immer auf virtuelle Teamarbeitsaufgaben übertragbar sind. Und wenn Sie mal keine Lust mehr auf Webkonferenz-Werkzeug und Screensharing haben, bieten Apps wie

- Mentimeter.com
- Kahoot

- Timebox
- Flip a coin etc. pp.

oder Bots wie

- Meekan (Terminplanung)
- Doodle (Abstimmungen)
- Polly (Abstimmungen)

kostenfreie und abwechslungsreiche Alternativen.

> Legen Sie sich am besten eine eigene Experimentierliste an.

Auch am Ende aktiv bleiben

Schnelles kurz-zyklisches Lernen und permanente Feedbacks kennzeichnen die agile Arbeitswelt. Feedback spielt vor allem am Ende eines Meetings eine große Rolle.

Feedback-Ideen für den Schluss

Hier ein paar Möglichkeiten für flottes, direktes und ansprechendes Feedback:

- Wenn es ganz schnell gehen muss: Jeder Teilnehmer zeigt mit der Anzahl der hochgehaltenen Finger (oder per Zahl von 1 bis 5 im Chat) seine Meinung.
- Etwas ausführlicher ist die Fünf-Finger-Methode.

Die Fünf-Finger-Methode	
Daumen hoch	Lob, z. B. »Das war top!«
Mit dem Zeigefinger zeigen	»Hier soll man hinsehen«. Dies steht für neue Erkenntnisse, Erfahrungen, die das Thema »gezeigt« hat:
Mittelfinger (Stinkefinger)	»Das hat mich genervt, gestört. Das sollte man verbessern.«
Ringfinger (Finger der Bindung/Ehering)	»XY will ich mitnehmen«
Kleiner Finger	»Mir ist Folgendes zu kurz gekommen: ...«

- Dazwischen liegt, was Zeitdauer und inhaltliche Thematik anbelangt, die Ampel-Methode

  - Rot bedeutet: »Ich fand es nicht gut, dass ...«

  - Gelb bedeutet: »Ich schlage folgende Verbesserung vor ...«

  - Grün bedeutet: »Ich fand es gut, dass ...«

- Mit Mentimeter.com können Sie in jeder noch so kleinen Pause in 2 oder 3 Minuten passende Feedbackfragen erarbeiten und jeden in Windeseile per Smartphone abstimmen lassen. Die Resultate sind sofort auf Ihrem Bildschirm.

- Lassen Sie von jedem ein Wort in den Chat oder auf ein Whiteboard schreiben.

- Jeder drückt, so gut er kann, die eigene Bewertung mit dem Gesichtsausdruck vor der Kamera aus.

- Arbeiten Sie mit Analogien: »Wenn ihr unser Meeting heute mit einem Songtitel (oder auch: Bild) repräsentieren solltet, welcher wäre das?«

Ein guter Schluss

Es sind nur noch wenige Minuten bis zum Ende? So aktivieren Sie die Teilnehmer im Finale:

1. Nochmal schnell mit allen durch Aktionen oder Protokoll gehen. Mindestens aber den Termin ankündigen, wann es zugesendet wird.

2. Alle Dateien sichern, im Besonderen auch die Whiteboards und die Abstimmungen.

3. »Danke!« zu sagen ist eine schöne Form des Lobs. Aber bitte stets für etwas Konkretes: »Toll, dass wir diese Ergebnisse in der geplanten Zeit alle erreicht haben!«

4. Alle Teilnehmer stumm schalten während des endenden E-Meetings. Was jetzt noch gesagt wird, das darf geheim bleiben.

Auf einen Blick: Das ORA-Prinzip

- Rituale brauchen ein geplantes Vorgehen. Mehr Spontaneität lassen das Orientieren und das Aktivieren zu.

- Geben Sie den Teilnehmern Halt und Sicherheit, indem Sie Leitplanken setzen, an denen sie sich während des Online-Meetings orientieren können.

- Aktivieren ist das bewusste Wirken gegen die Schwächen des virtuellen Formats.

- Je selbstverständlicher Sie mit den technischen Möglichkeiten der Konferenztechnik umgehen können, desto größer ist Ihr Freiraum für den Einsatz von Methoden.

- Anfang und Ende der Videokonferenz sind markante, gut in Erinnerung bleibende Momente. Nutzen Sie sie!

- Die Welt wird digital(er) und agil(er): Apps und das Web sind eine tolle ORA-Erweiterung für Online-Master-Moderatoren, wie Sie eine/r sind!

Einfach anfangen!

Aber nun los! Fangen Sie an. Jeder Anfang ist ein Anfang. Jeder Anfang ist ein erster Schritt hin zum Erfolg. Ich bin fest davon überzeugt, dass nur das Nicht-Anfangen der Weg in die Erfolglosigkeit ist. Sie können nichts falsch machen. Hauptsache, Sie machen etwas.

Fangen Sie an!

Wenn für Sie Web-Konferenzen Neuland sind:

- Facetimen Sie erst einmal mit Ihren Kindern, damit Sie sich an Video-Telefonie gewöhnen. Oder beginnen Sie im privaten Rahmen mit Freunden und Bekannten. Treffen Sie sich online auf ein Feier-Abend-Bier!

- Starten Sie mit kurzen Meetings, wenigen Features und wenigen Regeln.

Wenn Sie schon erste Erfahrungen gesammelt haben, aber besser werden wollen:

- Begreifen Sie Moderation als Teamaufgabe und lassen Sie alle aktiv mitarbeiten.

- Erstellen Sie sich eine eigene Toolbox.

- Starten Sie kleine Umfragen. Erkundigen Sie sich, was Kollegen, Mitarbeiter und Vorgesetzte am meisten in Webcons nervt. Und ändern Sie das gemeinsam. Nicht alles auf einmal. Immer einen Verbesserungspunkt je Digital-Treff, ganz Lean/Kanban-like.

Wenn Sie bereits eine Meeting-Software haben:

- Verabreden Sie sich mit ein paar Kollegen zu einem Testing: Probieren Sie gemeinsam mal alle Menüpunkte und Funktionen aus.
- Konzipieren Sie eigene Checklisten, vielleicht angelehnt an den Input aus diesem TaschenGuide.
- Experimentieren Sie mit Neuem, in jedem Meeting.
- Wagen Sie neue Fehler. Die bisherigen kennen Sie ja schon!

Wenn Sie kein Geld für eine teure Meeting-Lösung haben, ein Verein sind oder knapp bei Kasse: Vertrauen Sie Ihrem Web-Browser die Worte »Kostenlos« »Online« »Meeting« an.

Wenn Sie nächste Woche erstmalig eine internationale Konferenz zu einem kriselnden Projekt digital leiten werden: Holen Sie sich drei Mit-AnLeitende und üben, üben, üben Sie.

Was Sie sonst noch tun können?

- Gehen Sie in ein Training.
- Schauen Sie sich ein paar Filme und Online-Tutorien an.
- Sehen Sie bei anderen zu.
- Lassen Sie sich helfen.
- Rufen Sie mich an.
- Schreiben Sie uns eine E-Mail.
- Finden Sie uns auf XING oder LinkedIn.
- Laden Sie mich zu einem Online-Treffen ein.

Stichwortverzeichnis

Ablaufplanung 65
Ablenkung 110
Abstimmung 93
Agenda 72
Aktivierungsmöglichkeiten 111

Besprechungsinhalt 68
Bogensätze 62

Checkliste, Videokonferenz 100

Delegation 95
Digital Quotient 15
Dramaturgie 74

Einladung 22, 75
E-Learning 7

Feedback 85
Fokusklärung 28
Fragetypen 94
Fünf-Finger-Methode 116

Gast-Geber 17

Halo-Effekt 32
Homeoffice 8

Kodierung, duale 55
Kommunikationsebene 50

Lernmodell 14, 84
Lernpsychologie 49
Live-Meeting 11
Lob 107

Meeting-Regeln 79
Mehrdimensionalität 30
Metapher 55
Mindset, agiles 20
Moderator 19, 63
Multimedia-Prinzipien 106

ORA-Prinzip 46

Protokoll 87

Quantifizierung 30

Scope 23
SMART-Kriterien 22
Souveränität 19
Sprechtempo 61
Stimme 60

Timeboxing 64
Time Boxing 10
Turtle-Modell 24

Videos 97
Visualisierung 54
Vorbereitung 75

Webcast 7
Webinar 7

Zeitplanung 71
Zuhören 30

Literatur

Ekman, Paul et al., Gefühle lesen (Spektrum 2016).

Fenske, Peter, Das kleine Buch vom Lernen (1994).

Graf, Nele et al., Agiles Lernen (Haufe 2019).

Gino, Francesca, Cracking the code of sustained collaboration (Harvard Business Review 2019-11).

Graßmann, Carolin, Beziehungsqualität im Coaching, (Coaching-Magazin 4/2019).

Häfele, Hartmut et al., 101 Online-Seminarmethoden (ManagerSeminare 2020).

Han, Byung-Chul, Im Schwarm (Matthes&Seitz 2013).

Harnacke, Anna, Handbook: Virtuelle Meetings, Continental AG-intern.

Harnacke/Meyer/Eisenbarth, Gescheiter scheitern – the »inner game« of Lessons Learned (Projektmanagement aktuell 5/2016).

Hartung/Ulrich, Besser zuhören (www.cap-lmu.de/akademie/publikationen/praxismaterial/besser-zuhoeren.php).

Kaltenecker, Siegfried, Selbstorganisierte Teams führen (dpunkt.verlag 2018).

Weatherhall/Nunamaker, Electronic Meetings (Selbstverlag).

Preußig/Sichart, Agiles Führen (Haufe 2018).

Roth/Ryba, Coaching, Beratung und Gehirn (Klett-Cotta 2016).

Impressum

Bibliografische Information der Deutschen Nationalbibliothek
Die Deutsche Nationalbibliothek verzeichnet diese Publikation in der Deutschen
Nationalbibliografie; detaillierte bibliografische Daten sind im Internet über
http://www.dnb.dnb.de abrufbar.

Print:	ISBN: 978-3-648-14632-3	Bestell-Nr.: 10570-0001
ePub:	ISBN: 978-3-648-14520-3	Bestell-Nr.: 10570-0100
ePDF:	ISBN: 978-3-648-14633-0	Bestell-Nr.: 10570-0150

Uli Harnacke
Online-Meetings und -Seminare – Effizient und fesselnd gestalten
1. Auflage 2020

© 2020, Haufe-Lexware GmbH & Co. KG, Freiburg
www.haufe.de
info@haufe.de
Redaktion: Jürgen Fischer
Konzeption, Realisation und Lektorat: Nicole Jähnichen, www.textundwerk.de

Bildnachweis (Cover): LIGHTFIELD STUDIOS, Adobe Stock

Der Autor

Uli Harnacke

berät seine Klienten seit vielen Jahren im Innovationsmanagement, vor allem zur Frage: Wie kommt »das Neue« in die Welt? Als Ingenieur ist er technik-affin, immer offen für aktuelle Entwicklungen und die Zukunft. Als Organisationspsychologe ist er Experte für die menschliche Seite von Wachstum und Lernen. In der Verbindung von beidem führt er gemeinsam mit seinen Klienten neue Organisationsformen wie Agilität und Digitalisierung ein.

Er ist sehr bewusst ein »junger Alter«. Seine vier Kinder und vielen Kunden würden ihm auch keine andere Chance lassen. Es gibt schließlich noch so viele neue Fehler zu machen!

Die Co-Autoren

Cornelia von Hardenberg

ist Beraterin für Sprachkultur und Kommunikation im Kontext von Change- und Transformationsprozessen. Als Co-Autorin hat sie gemeinsam mit Uli Harnacke das Kapitel »Sprache und Stimme bewusst einsetzen« formuliert.

Anna und Fabian Harnacke

sind Studenten der Psychologie bzw. Wirtschaftswissenschaften. Diverse Praktika und Jobs in Beratungsunternehmen und bei Global Playern haben ihnen Change Management und New Work nähergebracht. Als Co-Autoren haben sie Uli Harnacke in den ersten drei Hauptkapiteln unterstützt.